气候暖化对华北农田生态系统碳素循环影响的试验研究

◎ 侯瑞星　著

中国农业科学技术出版社

图书在版编目（CIP）数据

气候暖化对华北农田生态系统碳素循环影响的试验研究 / 侯瑞星著. --北京：中国农业科学技术出版社，2022. 9
ISBN 978-7-5116-5878-4

Ⅰ. ①气… Ⅱ. ①侯… Ⅲ. ①全球气候变暖－影响－农业生态系统－碳循环－试验－研究－华北地区 Ⅳ. ①S181.6-33

中国版本图书馆CIP数据核字（2022）第154070号

责任编辑 崔改泵
责任校对 李向荣
责任印制 姜义伟 王思文

出 版 者 中国农业科学技术出版社
北京市中关村南大街12号 邮编：100081
电　　话 （010）82109194（出版中心） （010）82109702（发行部）
（010）82109709（读者服务部）
网　　址 https: // castp.caas.cn
经 销 者 各地新华书店
印 刷 者 北京建宏印刷有限公司
开　　本 170 mm × 240 mm 1/16
印　　张 7
字　　数 126千字
版　　次 2022年9月第1版 2022年9月第1次印刷
定　　价 50.00元

资助项目

1. 中国科学院战略性先导科技专项（XDA23050102）
2. 国家自然科学基金面上项目（32071607）

摘　要

从18世纪中叶至今，地球表面的平均温度持续增加，这种全球性的气候变化对农田生态系统碳循环和农作物都产生了深远的影响。作为全球17%～20%温室气体排放的贡献者，农田生态系统对于调控陆地生态系统碳循环有着重要的作用。同时气候变暖对农作物产量和生理生态的影响对未来全球粮食安全有着重要的意义，然而目前在田间尺度关于气候变化背景下农田生态系统的动态变化研究报道较少。

本研究利用田间尺度的控制试验手段，对不同耕作体系下，气候变化和灌溉次数如何影响农田生态系统碳循环进行了研究。研究包括了土壤中有机碳库、地上部作物生物量和CO_2形式的碳素循环的特异性情况，同时对于不同耕作对土壤有机碳库的影响也进行了评价。主要得到了以下结论。

（1）增温增加了小麦和玉米的地上部生物量，但对产量影响不明显。增温缩短了小麦的营养生长期，提前了生殖生长期。对于生殖生长期的影响与预期不同，并没有出现通常预测的关键生育期缩短的结果。但增温减少了单位面积内的小麦穗数，增加了穗粒重。

（2）增温在2010年和2011年并没有明显增强土壤呼吸及土壤异氧呼吸，这表现出农田土壤呼吸对温度升高的适应性。增温下土壤呼吸的温度敏感性指标（Q_{10}）与常温下差异不明显。对于免耕，在研究的第二年，出现了增温与未增温相比促进土壤呼吸的现象。对于免耕增加灌溉（NTWW VS. NTNW），温度的升高增加了全年土壤碳排放量的5.87%，而常规耕作免耕（NTWN VS. NTNN）增加了0.95%。土壤呼吸明显受到作物生长的影响，在作物的营养生长阶段增加，在生殖生长阶段下降。异养呼吸对土壤呼吸的贡献度在研究的两年中平均为74.1%，但随着研究时间的延长而降低。

（3）小麦季农田生态系统为碳汇，温度的增加会提高小麦的碳汇效果。研究发现单一的增温和灌溉次数对作物光合速率（GEP）和净生态系统碳交换（NEE）的促进不如两因子交互的效果明显。对于常规耕作，增温平均降低了3.8%（V/V，%）的土壤含水量，相同增温条件下，灌溉增加处理与常规灌溉处理相比更有利于GEP和NEE的增强。但对免耕的土壤含水量的平均降低率只有0.9%，灌溉次数对碳循环的影响不明显。对于农田生态系统碳循环影响的各因子之间的交互作用是不能忽视的研究对象。

（4）增温会增加免耕处理下0～5 cm和5～15 cm土层中溶解性有机碳（$DOC-K_2SO_4$）和微生物生物量碳（MBC）的浓度。这个结果可能预示着免耕处理下表土层的碳库会随着温度的上升而增加。6年的保护性耕作试验表明，免耕与常规耕作相比会在0～5 cm土层固持更多的SOC和总N。但在10～60 cm土层，免耕处理（包括NTRRM和NTR）下土壤会出现SOC储量不变或损失的情况；而常规翻耕（CTRR）处理下的土壤，在相应土层对SOC库的影响均是正效应。即在整个0～60 cm土层，CTRR的固碳能力要显著高于NTRRM和NTR，分别是2.24 Mg/（hm^2·年），0.66 Mg/（hm^2·年）和0.27 Mg/（hm^2·年）。所以在评价不同耕作方式对土壤有机碳氮库影响时，需要考虑深土层的影响。

关键词：农田；碳循环；气候变暖；土壤呼吸；小麦生育期；灌溉

Abstract

From the mid-18th century to the present, the average temperature of the earth's surface is increasing, this global climate change on agricultural ecosystem carbon (C) cycling and crops have had a profound impact. As a contributor of greenhouse gas emissions 17%–20% of the world, agricultural ecosystem plays an important role for the regulation of terrestrial ecosystem C cycling. Climate change also impact on crop yield and physiological significance to future global foodsecurity, but there is limited research about the dynamicchanges in agricultural ecosystems under climat change in the fieldscale.

In this study, we used the controlled field-scale experiment with different farming systems, climate change and irrigation frequency as effectors, stuied how they affectted the agricultural ecosystem C cycling. This study included soil organic carbon pools, aboveground crop biomass and C cycling specificity as CO_2. At the same time, effects of different tillage systems on soil organic carbon pools also were evaluated. The following conclusions are mainly deduced:

(1) Warming increased the aboveground biomass of wheat and maize, but no obvious influence on the yield. The warming has shortened the vegetative stage of wheat, earlier reproductive stage. Different with original prediction, length of key reproductive stages (anthesis or grain-filling) were not effected by elevated temperature. warming reduced the wheat spikes of unit area and increased the grain weight.

(2) Warming did not significantly enhance soil respiration and soil heterotrophic respiration in 2010 and 2011, showing the adaptability of soil respiration to warming.Temperature sensitivity of soil organic matter decomposing (Q10) between warmed and unwarmed plots showed no different. For no-tillage, in the second year of the study, there had been a slite promotion from warming on the soil C emission. Irrigation increasing for no-tillage (NTWW VS. NTNW), temperature increased soil carbon emissions 5.87% of the annual, while conventional tillage no-tillage (NTWN VS. NTNN) increased by 0.95% only. Soil respiration significantly affect crop growth, increasing in the vegetative stage of crops and declining in the reproductive growth stage. The contribution of heterotrophic respiration to soil respiration in the two years of the study with an average of about 74.1%, but lowering with the extension of the study period.

(3) Agricultrual ecosystem was carbon sink in wheat season, temperature-up helped to decline C efflux. The study found the promotion effects of two-factor interactions were better than single warming or irrigation frequency on crop photosynthetic rate (GEP) and net ecosystem C exchange (NEE). For conventioanal tillage (CT), soil moisture under warming with an average of 3.8% (V/V) decrease, irrigation increase could help to the enhancement of GEP and NEE. But for no-tillage, soi moistur be decreased with an average of only 0.9%, no significant effect of irrigation frequency on the C cycling. Also in agriculture ecosystem, the interaction among factors effected the C cycling of agricultrual ecosystem is the object of study can not be ignored.

(4) Warming increased the concentration of soil dissolved organic carbon (DOC-K_2SO_4) and microbial biomass carbon (MBC) at 0 ~ 5 and 5 ~ 15 cm depth, which may indicate that surface soil organic carbon pool will increase as the temperature rise. And after six years of conservation tillage experiment, comparing with CT, NT (including NTRRM and

NTR) sequestrated more SCO and total N only in the 0 ~ 5 cm soil layer; in 10 ~ 60 cm of soil layer, SOC pool under NT increased slight (NTRRM) or even be loss (NTR) . However, positive effects of SOC pool increase were observed from 0 ~ 60 cm depth. In the entire 0 ~ 60 cm soil, rate of carbon sequestration of CTRR was significantly higher than NTRRM and NTR, respectively, 2.24 Mg/ (hm^2 · yr) , 0.66 Mg/ (hm^2 · yr) and 0.27 Mg/ (hm^2 · yr) . So we should consider the sampling depth when we estimated the effects of different tillage managements on SOC and total N.

Keywords: Agricultural ecosystem; Carbon cycling; Global warming; Soil respiration; Wheat phenology

目 录

第1章

绪　论

1.1 选题背景和立论依据

1.1.1 全球气候变暖与农业

由于人类活动的影响，自1850年第一次工业革命开始，全球的平均温度增加了0.76℃，而且增加的速度不断加快。到21世纪末，全球平均温度还会持续增加1.4～5.8℃（IPCC，2007）。由于全球变暖对人类生活产生巨大的多方面的影响，如极端天气出现更加频繁和海平面上升等，危及人类的生存环境。

对于农业来说，随着人口增长带来的粮食安全问题，需要在原有粮食产量增加速度不变的情况下，达到目前粮食总产量的两倍才能解决。而农业对于环境变化的影响是非常敏感的。比如近些年越来越频繁出现的厄尔尼诺现象带来的干旱和洪水对小麦等农作物的产量造成了巨大的影响。这些现象更证明了农作物对气候变化的敏感性。所以，需要一方面更加准确地预测未来几十年的气候变化情况，另一方面也要找到合适的办法来让农业适应未来的气候变化。

1.1.2 全球气候变暖与农作物

对于未来气候变化对我国农作物产量的影响，国内外学者的预测有着不同结果。国外学者认为，未来气候变化可能会使中国农业小幅增产（Rosegrant and Cline，2003）；而国内的学者则通过模型研究认为中国农业生产力会下降（Tao et al.，2008）。出现这种情况的原因主要是因为气候变暖对于农作物生理的影响是复杂的，具有高度的不确定性。首先，气候变暖会直接缩短无霜期、延长作物的适宜生长期。其次，由于单位时段内积温的增加，温度升高可能会缩短作物的生育期。而生育期的缩短可能会由于缩短了光合作用时间而带来干物质积累的减少，进而导致减产。但是，气象条件对作物的影响不仅来自于温度，水分对于农作物的生长同样重要。而温度和水分之间存在着密切的联系。温度的升高一方面会加快作物的蒸腾作用，另一方面又会改变区域的降水状况，间接影响作物的生长发育和粮食产量。同时温度的升高还会带来“热浪”现象，同样会影响作物的产量。所以，增温对于作物的生长发育和产量都有着重要的影响，但也伴随着巨大的不确定性。如何更加有效地面对这些日益加剧的问题，如何减少气候变化对农业影响的不确定性是未来农业发展和保障粮食安全急需解决的重要问题。

1.1.3 全球气候变暖与碳循环

根据IPCC（2007）报告，CO_2的减少，主要是依靠减少化石燃料燃烧和合理的土地利用机制。首先，根据国家发改委“十一五”的工作规划，“十五”期间，我国一次性能源消费主要是原煤、原油和天然气，总量达到22.5亿吨标准煤，占世界14.8%，居世界第二。而在“十一五”的规划中，2010年，煤炭、石油和天然气所提供能源共占总能源的92%，虽较2005年相比，煤炭和石油的比例分别下降了3%和0.5%，但这些都说明中国的能源还是以一次性能源为主，特别是化石能源。所以，短期内想单纯依靠减少化石燃料燃烧来减少CO_2的排放量还是很有限度的。同时，我国政府于2009年年底，郑重承诺：到2020年，我国单位国内生产总值二氧化碳排放比2005年下降40%～45%，并将其作为约束性指标纳入国民经济和社会发展中长期规划。这充分说明了我国政府对CO_2减排的坚定决心。在最大限度不影响我国经济建设快速发展的前提下，如何能充分合理地利用目前的资源达到节能减排的目标，对于完成碳减排规划和保障经济建设的稳定发展都有着重要的意义。

农业土壤以及农田的耕作方式对于全球碳素循环有着重要的意义，农田既可以成为大气中CO_2的源，也可以成为汇（Lal，2004）。全球耕地约占全球总陆地面积的10.6%，耕地均为水分、通气条件好，含有较多有机质的肥沃土壤。虽然与森林和草地相比，农田的面积较小，但受到人为因素的影响最大：在对农田土壤进行耕作的过程中，对土壤的扰动会促进土层中土壤有机质的分解，不仅减少了农田土壤中丰富的土壤有机质，并向大气排放大量的CO_2等温室气体。根据联合国粮农组织（FAO）的统计，农田排放的温室气体主要由CO_2、N_2O和CH_4组成，每年向大气中排放的总量达到人类活动总排放量的17%，说明了农田是陆地碳排放方面的主要贡献者。减少农田的碳素排放或者是增加农田生态系统对大气中碳素的捕捉能力，将对缓解大气CO_2浓度持续增加有着重要作用。

全球的变暖可能会促进土壤中有机质的分解，这将影响大气中CO_2的浓度。根据目前的一种假说，即全球温度的增加可能会促进土壤中的有机质分解，并导致大量的CO_2向大气中排放（Kirschbaum，1995），进而增强了温室效应，而随后的温室效应使大气温度升高，形成正反馈循环。即温度的升高促进土壤碳库向大气中排放，而后随着大气中CO_2浓度的升高会进一步促使气温上升，再次返回到温度升高增加土壤中碳排放的循环中。但在实际情况下，土壤中碳库的稳定性不仅受到温度的影响，还受到水分以及人为干扰的影响；同时土壤呼吸本身也是具有适应性的，它会随着温度的升高调节自身的强度，维持一个相对稳定的平衡。

所以当考虑气候变化与土壤中碳库的关系时，一方面不能把土壤从整个生态环境中剥离出来，单纯地研究它对温度上升的响应；另一方面也要从土壤自身的调节能力方面来判断它对气候的响应。

1.1.4 保护性耕作对土壤碳库的影响

农田土壤中含有丰富的土壤有机质，它对于保证农田土壤肥力，农作物的生产，保障农业的可持续性发展和未来粮食安全有着重要的作用。不同的耕作体系对碳素有着不同的影响。常规耕作通过翻耕促进作物根系的生长和提高作物对肥料的利用效率来达到提高产量的目的。翻耕会加速农田耕层土壤有机质的矿化，导致耕层土壤有机碳的损失，形成CO_2等温室气体的排放。如我国东北黑土土壤有机质随着长期耕作而浓度持续下降说明了这一点（许信旺等，2009）。对于碳素的固持，目前的研究结果表明常规耕作的固碳能力和免耕相似，只是在碳素固定的土层有所差别。常规耕作由于翻耕的原因，将碳素主要固持在深土层中（Christopher et al.，2009）。

保护性耕作为一种重要的可持续发展的农业耕作技术，可以通过最大限度地减少耕作来减少对土壤的扰动，保护了土壤有机质，减少其分解；又由于保护性耕作下土壤表层有作物残存覆盖，增加了土壤有机质的投入，使保护性耕作下的土壤具备了固持碳素进而成为碳汇的能力，起到缓解全球温室效应的作用。同时，保护性耕作还可以减少土壤侵蚀，增强农田土壤的保水能力以及减少农业耕作活动中化石燃料的使用等优点。目前，全球保护性耕作应用范围增加迅速。美国、加拿大、澳大利亚、巴西、阿根廷等国应用面积已占本国耕地面积的40%～80%；世界各国应用面积总和约占全球耕地面积的8%。我国保护性耕作起步晚，但发展迅速。农业部在2009年发布的《保护性耕作工程建设规划（2009—2015年）》中指出，在规划期末，即2015年要通过各类项目建设与辐射带动，在全国可新增保护性耕作应用面积1.7亿亩（15亩=1hm^2，全书同）。所以目前保护性耕作正在被作为一种农业可持续发展的重要途径被充分重视。

已有研究表明，全球变暖可能会影响到保护性耕作能否继续作为农业可持续发展的重要解决办法，以及它能否持续地对大气中CO_2浓度的升高起到缓解作用。通常来说，免耕与常规耕作相比能够显著地增加土壤表层0～5 cm的土壤有机碳库，而表层土壤也是受温度变化影响最显著的土层。那么在全球变暖可能会促进土壤表层有机质分解的背景下，温度增加对免耕和常规耕作下土壤表层的土壤有机质有哪些影响呢？免耕是否能保持其原有的固碳能力呢？这些问题的答案对于回答未来哪种耕作方式更适合旱地农业的可持续发展和评价免耕对于环境大气CO_2升高的固碳潜力等问题均有着重要的作用。所以对于农田土壤有机质分解对全球变暖的响应的评价，无论是对于免耕措施自身对气候变化的适应性还是对于农田土壤对温室气体排放的贡献度都是非常重要也是迫切需要的。

但是目前关于不同耕作系统下全球变暖对农田土壤有机碳影响的田间研究还鲜有报道。本研究的目的就是通过田间试验来定量地评价免耕和常规耕作处理下的农田土壤表层土壤有机质分解及CO_2排放对全球变暖的响应，从机理上解释温度与土壤有机质分解之间的关系。为更好地评价不同耕作方式及旱地农田的固碳潜力、研究有机质分解与温度之间的反馈关系、我国主要粮食作物（冬小麦/夏玉米）生育期和产量对温度升高的响应以及更为合理地预测农田对我国政府承担的CO_2减排额度的贡献度都有着重要作用。面对这些直接影响人类生存环境的问题，首先需要正确认识生态系统对全球变暖的响应，才能评价和预测未来全球变化对人类生存环境可能产生的危害性的影响，进而找到解决或缓解该影响的有效途径。同时也能够为预测未来全球气候与生态系统变化提供详实的数据和理论依据。

1.2 国内外研究进展

1.2.1 农作物对气候变暖的响应

气候变化对农业和粮食产量的影响过程是复杂的。它通过直接地改变农业生态环境和间接影响作物的生长和养分的分配，形成了影响粮食生产的结果。温度、降水以及温室气体排放的变化会影响农田的适耕性和作物的产量。Schmidhuber和Tubiello（2007）认为，温带地区温度升高可能会给当地的农业带来非常大的好处：温度升高会扩大可种植作物的面积，延长作物的生育期和作物的产量。也有研究结果表明气候变暖对作物产量的影响以负面影响为主。如Peng et al.（2004）报道了长期水稻产量对气候变暖的响应。研究者发现，1979—2003年，气候变暖分别增加了白天最高温度和晚间的最低温度0.35℃和1.13℃。水稻的产量在干旱的生长季节，随着夜晚温度每增高1℃便减产10%。

增温还会对作物的生育期产生影响。前人的室内控制试验研究表明，随着温度的升高，小麦获得相同积温的时间变短，使得小麦的生育期变短。同时研究发现，小麦生育期时间的长短，特别是重要的生育期如开花期和灌浆期，与作物的产量有着正相关的关系。前人的研究结果认为，温度的上升会缩短生育期，进而导致产量的下降。这种认识也是目前该领域普遍的一种观点。但根据我国黄淮海地区25年长期农田观测的结果，虽然该地区平均气温增高速度为每10年升高0.4～0.7℃，但产量的变化有增加也有减少（Liu et al.，2010）。研究者认为是小麦品种的改变抵消了气候变化带来的负面影响。我国南京报道了农田开放式增温系统在麦稻田上的研究效果。研究发现增温会显著地缩短小麦的生育期，在2007年和2008年分别缩短了9天和14天。同时会显著地提高小麦产量，平均增幅为18.5%。这些结果与室内控制试验研究的结果均不一致。可见不同的试验条件决定了不同的试验结果。笔者认为田间尺度的试验相比模拟未来的气候变化与室内的控制试验更为准确，因为田间的试验充分考虑了自然条件的影响。

另一方面，大气中CO_2浓度的变化也会对农业产生影响。CO_2浓度的增高对于大部分作物来说会促进作物生物量的积累和产量的提高。可是根据不同的农田管理方式（如灌溉和施肥措施）和作物的品种等，由CO_2浓度增高所带来的影响目前还不清楚。Lin等（2005）通过对未来的两个时间段的模拟也发现随着温度的增加，如果大气中CO_2没有增加，则作物产量也会降低。Liu等（2010）以温度、水分和CO_2浓度为影响因素模拟了黄淮海平原农作物产量对气候变化的响应，温度的增加会降低作物产量。温度升高还会扩大作物病虫害发生的范围和增加作物害虫冬季的存活数量并危害第二年春季的作物（Schmidhuber and Tubiello，2007）。

以前研究气候变暖对作物生长的影响时，通常使用开顶箱法进行，但开顶箱法对气候变暖的模拟不够充分（Kennedy et al.，1995）。具体来说，使用开顶箱法温度升高的幅度和特征不能被很好地控制。温室不仅影响温度，还影响到湿度、气体组成、雪的覆盖度（由此产生的生长季节的变化）、光照（强度和光质）以及风速等。温室和开顶箱还可以阻挡雨雪、降低混合气体的扩散和湍流，这样就抑制了白天水蒸气的向上运动和晚上露水的形成。这些负面效应增加了观察生态系统对温度升高反应的难度，使我们不能全面而真实地理解全球变暖条件下微气候变化的综合效应。另外，温室或开顶箱还通过改变风速和阻挡动物活动而影响植物花粉和种子的传播和有性生殖。而红外辐射法是在开放的室外条件下进行，与开顶箱法相比，可以较好地模拟气候变暖（牛书丽等，2007）。

综上，气候变化对小麦的影响是多方面的、复杂的。而其中温度对小麦的影响存在着室内控制试验结果和田间试验结果不一致的现象。作为作物—气候模型的基础，试验结果直接决定了模型的准确性。而模型又是评价气候变化对作物影响最有效、全面的手段。所以根据田间开放条件下的研究结果来提高现有模型的准确性对于更好地评价气候变化对农作物的影响和未来的粮食安全有着重要的作用。

1.2.2 保护性耕作的国内外现状

美国保护性耕作技术信息中心（CTIC，Conservation Technology Information Center）将保护性耕作定义为：作物种植后，地表保持作物残茬30%或更多的覆盖，来减少水造成的土壤侵蚀的耕作/种植体系。主要分为免耕和少耕。由于保护性耕作对于农业和环境的重要作用，早在20世纪60年代，一些发达国家就已经大面积推广保护性耕作。最近十几年，国际上更是把保护性耕作和全球温室气体增加和气候变暖联系起来，对于保护性耕作的研究也成为了热点的研究之一。根据李安宁等（2006）报道，目前美国、澳大利亚、巴西、巴拉圭以及阿根廷各国的保护性耕作面积已占总耕地面积的40%～80%。FAO（2003）更是把保护性耕作作为支撑未来农业发展的首要办法。

我国的保护性耕作从提出并实施到现在只有十几年的历史，并取得了长足的进步，但保护性耕作的面积还是非常有限的。根据吴红丹等（2007）报道，虽然农业部已经拨出专项资金用于扩大国内保护性耕作的面积，但目前全国保护性耕作总体应用面积尚不足全国耕地面积的10%，低于世界平均水平，远未发挥出保护性耕作的效应。并且在她的报道中还提到，通过实践证明，保护性耕作适合我国北方农业作业。2003年，农业部在北方13个省设立了25个机械化免耕播种示范点，旨在中国北方大力推广保护性耕作制度，所以目前保护性耕作得到了充分的重视，在将来也必定会有长足的发展。农业部在2009年发布的《保护性耕作工程建设规划（2009—2015年）》中指出，在规划期末，即2015年要通过各类项目建设与辐射带动，在全国可新增保护性耕作应用面积1.7亿亩。所以目前保护性耕作正在被作为一种农业可持续发展的重要途径被充分重视。

目前国内保护性耕作的发展还是有诸多困难的。根据张海林等(2005)报道，中国目前保护性耕作发展中遇到的问题主要包括以下3个方面：①缺少整体的规划；②技术规范差，导致不能大面积使用保护性耕作技术；③技术的配套设施不完备。所以增加对保护性耕作技术的研究、投入和推广工作，成为了中国发展保护性耕作技术的思路。

1.2.3 保护性耕作与农田碳素固持

保护性耕作对土壤有机碳（SOC，soil organic carbon）的影响表现在可以显著地增加土体表层的SOC含量。免耕为一种主要的保护性耕作形式。保护性耕作可以将土壤由碳源向碳库转化（Six et al.，2004）。其中的机理，免耕对SOC含量有以下三种影响：①减少对土体的扰动，使土壤团聚体更容易形成，并且保护稳定团聚体中的SOC，减少其被氧化的含量（Six et al.，2000）；②改变了当地的土壤环境，其中包括：容重、孔径分布、温度、水分和空气的比例，这些因素都会限制SOC的生物降解（Kay and VandenBygaart，2002）；③通过秸秆覆盖，增加了向土壤中的有机质输入。

长期的保护性耕作，对土体表层土壤有机碳的增加是有规律可循的。根据Novak等（2007）报道，在西班牙的沙壤土上经过24年的长期保护性耕作与圆盘耕作（常规耕作的一种）进行对比后，发现圆盘耕作下土壤表层的SOC含量在第10年左右就达到了饱和，随时间的增加土壤中有机碳的含量变化不大；而在保护性耕作条件下，经过24年土壤仍然在继续截留碳，但截留的速率经过14年后有所下降。这也说明了保护性耕作与常规耕作相比，会明显地影响土壤表层的土壤有机碳含量，而且可以长期地对土壤表层起到固持有机碳的作用。

Bessam等（2003）在对摩洛哥半干旱11年免耕与常规耕作的试验田

进行研究后发现，免耕较常规耕作可以通过增加SOC含量来增强表土的肥力。在对SOC的截留方面：在0～25 mm土层，在免耕4年后和11年后两种方式对比后发现，多免耕7年间SOC总量增加1.59～7.21 t/hm^2，而常规耕作下，仅从4.47 t/hm^{2}增加至4.48 t/hm^2。也证明了保护性耕作与常规耕作相比可以增加土壤表层的土壤有机质，进而达到增加土壤肥力和保证粮食安全的目的。

在表土层以下，保护性耕作处理下含有的土壤有机碳往往低于常规耕作。唐晓红等（2007）报道，在四川盆地紫色水稻土由常规耕作转变为保护性耕作13年后，保护性耕作土壤0～10 cm土层SOC含量明显增加，有机碳固持率为53 g/（m^2·年），而常规耕作只有26 g/（m^2·年）。而在10～20 cm土层保护性耕作处理下的土壤有机碳固持率却小于常规耕作。Machado等（2003）报道，在巴西南部铁铝土上，长期（21年）保护性耕作和常规耕作在0～40 cm土层碳的总量之和几乎相同，保护性耕作只在0～20 cm土层的含碳量明显多于常规耕作。Novak等（2007）报道，长期（24年）保护性耕作和圆盘耕作相比，在整个的0～90 cm研究范围中，只有0～5 cm土层，有机碳的含量差距明显。这个原因主要是因为保护性耕作与常规耕作的区别在于是否翻动土层，常规耕作由于翻动了土层会把作物残茬等有机质带入更深的土层，即增加了该土层的碳投入；而保护性耕作处理下秸秆等有机物均残留在土壤的表层，很难到达土壤的下层，所以形成在表土层以下，常规耕作处理下的土壤有机碳含量高于保护性耕作处理。

但是并不是所有的免耕都能增加土壤有机碳，根据Puget和Lal(2005)比较56处不同地点的免耕与犁耕实验地点，发现其中的42处增加了土壤中有机碳的含量，而11处出现了减少的情况。42处增加的报道中，只有10处经过统计分析为免耕显著地增加了土壤中的有机碳；出现减少的11处实验地，没有出现免耕显著低于翻耕情况。Wander等（1998）报道，作者在同一地点研究后，与前人的研究比较，发现保护性耕作并不是一直都能形成对土壤有机碳的净增加。所以，总体来说，免耕对于土壤有机碳固持潜在能力的研究发现它会随所研究地点土壤有机碳的背景值增加而降低

（Angers et al.，1997）。

在评价不同耕作方式对土壤碳库影响时，需要考虑土壤类型（Ball-Coelho et al.，1998；Christopher et al.，2009）以及取样深度（Machado et al.，2003；Vanden Bygaart et al.，2011）的影响。目前，一些研究人员开始对免耕是否能够在整个土壤剖面形成碳素的固持产生怀疑。Baker等（2007）强调在判断不同耕作方式对碳库影响时，采样忽略底土层会造成夸大免耕对土壤碳库的正效应。笔者认为常规耕作转变为免耕耕作系统后，在采样较深时（40 ~ 60 cm），与原有的常规耕作相比并没有增加土壤有机碳库。根据Machado等（2003）研究了巴西一组长期的（1976—1996年）免耕和常规耕作的对比试验，发现经过21年不同的耕作处理，在0 ~ 20 cm土层免耕处理与常规耕作相比显著增加了土壤中的有机碳库；但当采样到40 cm时，发现在20 ~ 40 cm土层，常规耕作处理下土壤有机碳的储量更高。进而发现，在整个0 ~ 40 cm土层，免耕处理与常规耕作相比并没有增加土层中的有机碳储量。Baker等（2007）指出，免耕并没有增加土壤中的有机碳库，而只是改变了土壤中碳库的分布。Christopher等（2009）比较了选自美国3个州的12对免耕和常规耕作试验点，这些实验点均是由常规耕作转变为保护性耕作的，转换的时间从5年到35年。研究者比较了这12对试验点0 ~ 60 cm土层中土壤有机碳库在耕作方式转换后的变化，发现有9个点的土壤有机碳储量在经历耕作方式的转变后降低或几乎没有变化。所以，作者建议在比较不同耕作方式对有机碳库影响的时候，采样的深度是一个重要因素。

最近，一篇对相关研究的综述（Luo et al.，2010）分析了前人的69对试验，发现免耕在0 ~ 40 cm土层并没有比常规耕作固持更多的碳素。他们的分析发现在0 ~ 10 cm土层，免耕的可固持3.15 ± 2.42 t/hm^2，但在20 ~ 40 cm土层会出现3.30 ± 1.61 t/hm^{2}的减少。Du等（2010）研究了我国华北平原常规耕作和免耕耕作方式下秸秆覆盖对SOC库的影响。他们发现与常规耕作无秸秆添加的耕作方式相比较时，免耕在0 ~ 10 cm增加的SOC会被10 ~ 20 cm与常规耕作相比较少的碳库抵消掉，形成在0 ~ 30 cm土层无差别的情况。

同时，时间对于耕作方式对SOC库影响有着重要的意义（Christopher et al.，2009）。无论是免耕的实施还是转换回常规耕作，土壤本身是需要时间根据碳素的投入和输出来建立一个新的SOC库的平衡。对于热带地区来说，0～30 cm土层需要的时间大概是6～8年（Six et al.，2002）。

综上，免耕对整个剖面土壤碳库的影响是目前研究的热点之一，它会根据不同的环境、土壤质地等因素产生不同的结果。所以在研究气候变暖对免耕处理下土壤有机碳的影响时，先要清楚地了解试验地区免耕对碳素在整个土壤剖面（0～60 cm）分布的影响；再根据该分布设定合适的采样深度来反映所研究的问题。

1.2.4 气候变化与保护性耕作

农业每年向大气排放大量的温室气体，以CO_2、N_2O和CH_4为主。全球由于人类活动排放的N_2O和CH_4分别有84%和52%来自农业（Smith等，2008）。根据Cole等（1997）的估算，每年农业领域有减少1.15～3.3 Pg碳排放的潜力。其中保护性耕作作为一种“双赢”的农业措施，既可以减少土壤侵蚀又能增强农田的可持续发展，同时又能减缓温室气体的排放。Six等（2004）统计了湿润和干旱地区免耕和常规耕作处理对三种主要温室气体（CO_2、N_2O和CH_4）排放的影响。发现在刚转变为免耕的农田与常规耕作的农田相比，两种条件下的三种温室气体的排放增加；但在转变成免耕10年以后，在湿润地区免耕显著地降低了三种温室气体的排放；在转变为免耕20年以上的干旱地区，三种温室气体的排放也低于常规耕作。所以他们认为，利用长期的免耕系统可以达到缓解农田温室气体排放的目的。

综上所述，保护性耕作具有固碳、减少土壤侵蚀、保水、减少温室气体排放的巨大潜力。保护性耕作对于农业的可持续发展和缓解气候变化等方面均起到不可替代的积极作用。

1.2.5 土壤有机质分解对温度的敏感性

土壤有机质是土壤的重要组成部分，它对于农作物生产、粮食安全、土壤和环境质量等方面均有着重要作用（图1-1）。通常来说土壤有机质不包括土壤中植物的根、未腐烂的大型土壤动物和植物残体。它可以提供植物所需的养分，从物理、化学、生物3个方面改善土壤肥力，还可以吸附、络合重金属离子以及固定有机污染物等重要作用（黄昌勇，2000）。由于全球土壤有机质分解的温度敏感性对于全球碳循环及其对全球变暖响应的潜力来说都是非常重要的，所以关于该方面的研究近年来得到了前所未有的重视（Davidson and Janssens，2006）。目前对于土壤有机质分解对温度敏感性的研究按研究内容大致可分为：增温对土壤呼吸、对土壤中碳库和对生态系统CO_2通量三方面影响。

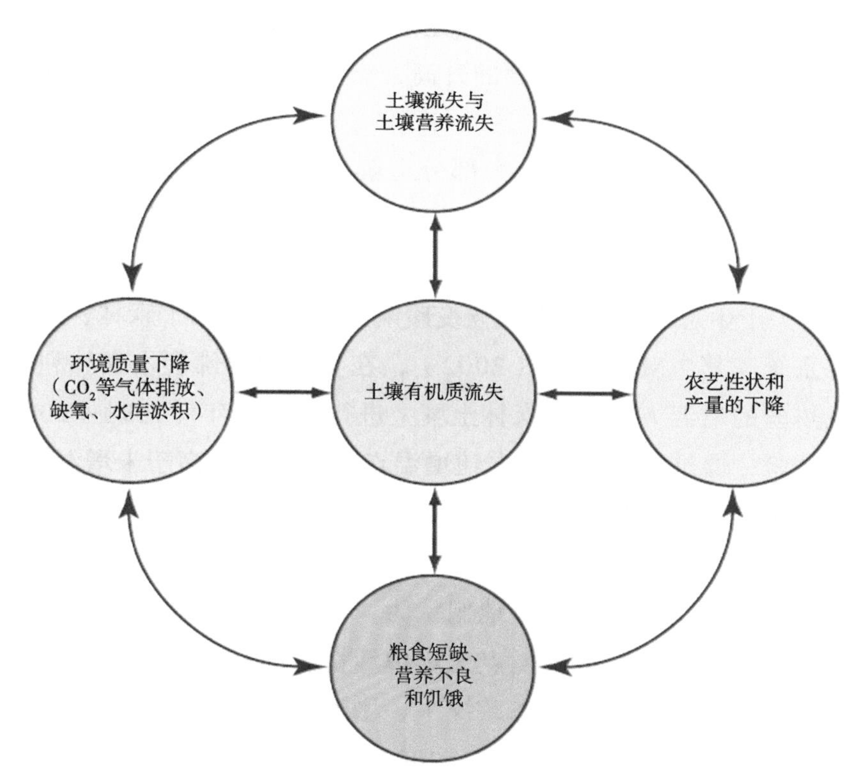

图1-1 土壤有机质在农业方面的重要性（Lal，2004）

1.2.6 土壤呼吸与气候变化

土壤中有机质分解时，会造成CO_2排放，即土壤呼吸。土壤呼吸越强，代表土壤有机质分解对温度的敏感性越强。森林、草地和农田是陆地生态系统土壤呼吸主要的组成部分。Yu等（2010）基于中国1995—2004年土壤呼吸的数据，利用区域尺度土壤呼吸的统计学模型分别统计了森林、草地和农田在1995—2004年每年三者对中国总土壤呼吸的贡献度，发现森林、草地和农田的贡献度分别是20.84%、48.38%和22.19%。其中农田土壤呼吸对中国总土壤呼吸的贡献度约占1/4，说明了农田土壤呼吸对整个陆地生态系统呼吸的重要作用。在研究土壤呼吸对温度敏感性问题时，一般采用Q_{10}作为研究的指标。Q_{10}代表温度每升高10℃，土壤呼吸增加的速率。Kirschbaum（1995）综合分析了前人关于温度和土壤呼吸的研究发现，随着温度的升高，Q_{10}逐渐降低。Q_{10}从5℃左右最高的12.9降到35℃时的0.5。可见随着温度的升高，土壤有机质分解对温度的敏感性下降。

但在陆地生态系统中，绝大部分土壤上方均有植物覆盖。所以近些年，在研究土壤呼吸对气候变化响应时，通常将土壤和植物放在一起进行长期的野外研究，更能客观地反映陆地生态系统对气候变化的适应性。

目前关于生态系统呼吸对气候变暖响应的研究包括了森林、草原和农田生态系统。其中Melillo等（2002），在美国的哈佛硬木森林利于地下埋设电热丝的增温方法，在森林土壤上进行了10余年（1991—2000年）的增温试验，通过供电与不供电使增温点的温度始终高于未增温点5℃。他们发现在增温的前4年，增温点的土壤呼吸显著高于未增温点；但随着时间的延长，增温点和未增温点之间的差别越来越小，到2000年两者之间土壤呼吸几乎无差别。于是他们认为，增温会明显地促进土壤呼吸和土壤有机质分解，但随着增温点土壤中活性碳的减少，增温点的土壤呼吸强度下降。同样在草地生态系统中，增温试验也证明了土壤呼吸会随着温度的增加而增强。如Zhou等（2007）在美国草原利用红外辐射增温技术，对草地进行了研究。在草地生态系统增温2℃的条件下，经过6年（1999—2005年）的时间，发现在刈割和不刈割两种秸秆条件下，增温均能增强土壤呼吸。土壤呼吸的温度敏感性指标Q_{10}在增温条件下，略低于未增温条件下的土壤。Dorrepal等（2009）在亚北极圈附近的泥炭土地区利用开顶箱（OTCs）方法进行了长达8年的增温试验。亚北极圈泥炭土含有陆地生态系统中约1/3的土壤有机碳库，同时由于其平均温度低，土壤有机质的温度敏感性大（Kirschbaum，1995）。研究人员发现，在该地区春季和夏季对土壤和空气增温1℃，分别会显著提高土壤呼吸60%和52%。并且这种影响与Melillo等（2002）在森林生态系统中所得到的增温点与常温点之间的土壤呼吸强度差别随时间而延长的结论不一致，在该地区温度对土壤呼吸的影响是长期而稳定的。同时该试验与其他试验不同，发现土壤中排放的CO_2绝大部分（69%）来自永久冻土层以上、表土层以下的25～50 cm土层处。目前对于农田生态系统增温的试验报道还不多，已知的试验为Hartley等（2008）在玉米—小麦田利用地下铺设电缆的方法对农田土壤进行增温。电缆线埋入地下2 cm深处，加热时比对照温度高出约3℃。分别对小麦、玉米和裸地进行加热。结果表明，增温显著地增加了3种处理下的土壤呼吸。同时发现，加热过程中有几次加热中断，而中断时增温和常温小区的土壤呼吸间无差别，这也说明了土壤呼吸对温度变化适应性是很强的。

根据其来源，土壤呼吸可以被简单地分为来自植物根的呼吸（自养呼吸）和来自微生物的呼吸（异养呼吸）（Kuzyakov，2006）。自养呼吸的碳素是未被作物生长所利用的来自大气中的CO_2。而异养呼吸则来自于微生物的活动和对有机质的分解过程中产生的CO_2。从机理上看，增温会对自养和异养呼吸均产生影响：增温会影响作物生长，进而影响作物的光合作用和自养呼吸；增温还会影响微生物的活性，以及所有化学反应过程，进而影响异养呼吸。所以在从机理上研究土壤呼吸对增温的响应时我们需要搞清楚土壤呼吸变化的原因，即增温对自养和异养呼吸两个过程的影响。根据Raich和Tufekcioglu（2000）对草地和农田自养和异养呼吸比例统计的结果发现，异养呼吸占总呼吸的比率通常在60%～88%。根据Zhou等（2007）对增温条件下草地自养和异养呼吸的研究表明，增温同时促进了自养和异养呼吸。增温后，两者对土壤呼吸的贡献度未发生明显变化。同样，Melillo等（2002）在对森林土壤的研究中，也发现了增温没有明显改变土壤自养和异养呼吸对土壤呼吸贡献度的情况。但是，增温对农田土壤自养和异养呼吸影响的研究目前还鲜有报道。

根据上面的多个野外增温试验我们发现，不同的增温方式可能会导致不同的研究结果。如埋设电缆线的方法增温与红外线辐射增温对土壤呼吸的影响不同，用电缆线增温与常温小区间的差异更为明显，而红外线增温不同小区间虽然有差别，但差异不大。目前野外增温试验通常使用开顶箱法、土壤中埋设加热电缆、红外线反射法和红外线辐射法四种。每种方法均有自身的优缺点。根据牛书丽等（2007）以及Aronson和Mcnulty（2009）的报道，使用红外线辐射的方法来模拟气候变暖更适合农田增温试验的使用。

综上，根据不同增温方式对森林、草地和农田土壤进行增温的野外试验可以发现增温可以促进土壤呼吸和土壤有机质分解。但对于农田来说，增温对土壤呼吸以及对土壤自养和异养呼吸的研究还少有报道。在研究土壤有机质分解对温度的敏感性时，研究方法、地理位置、土壤中碳库以及试验的持续时间等都会影响试验的结果，需要在试验过程中考虑多种因素对结果造成的影响。

1.2.7　气候变暖与土壤活性碳

土壤中能被微生物容易并快速氧化分解的部分，同时又能够依靠化学的抵制和物理的保护来防止微生物分解的那部分有机质就是土壤中的活性有机质（labile soil organic matter，LSOM）（McLauchlan and Hobbie，2004）。

Six等（1999）研究认为新鲜的作物残茬的投入会作为黏合剂，将土壤中原有的颗粒和微团聚体黏合在一起，形成稳定的大团聚体。这个过程也可以被理解为LSOM围绕作物残茬的碎片形成新的团聚体（Six et al.，1998），以此来保障土壤有机质的稳定性。

土壤有机质的测定对于评价土壤质量是非常重要的，但不同耕作方式下土壤有机质的变化速率相对于土壤中的一些活性有机质来说是缓慢的（Sparling et al.，1998），所以使用活性有机质指标可以更灵敏、更准确、更实际地反映土壤肥力和物理性质的改变，综合评价耕作方式对于土壤质量的影响（王清奎等，2005）。目前对土壤中活性有机质的研究越来越广泛，土壤活性有机质的指标主要包括溶解性有机碳（dissolved organic carbon）和微生物生物量碳（microbial biomass carbon）。这两种指标均可反映土壤中有机碳的变化情况。

根据Melillo等（2002）对在森林生态系统长达10年的增温试验结果的解释，他认为之所以增温与常温相比增强土壤呼吸的趋势随着时间的延长逐渐减弱，是因为LSOM逐渐减少导致的。这个结果说明了LSOM的含量会制约土壤呼吸，而土壤有机质分解会明显地减少LSOM的含量。Fang等（2005）在室内进行的培养试验也得到了类似的结果。研究者对土壤在实验室内进行增温培养，使土壤的温度在4～44℃。从最低点开始增温，增幅为4℃。每次需要2小时来达到新的温度，每个温度保持9个小时。到最高的44℃后，冷却至20℃保持几天。该试验进行了108天，测定了土壤中的活性碳、土壤呼吸、土壤有机质共5个指标。发现随着培养时间的延长，20℃时土壤呼吸逐渐降低，LSOM（溶解性有机碳和微生物量有机碳）含量均显著降低，SOM的含量也略微降低。这两个试验均发现了土壤呼吸的降低伴随着LSOM含量的减少，说明在土壤呼吸的过程中，LSOM可能作为碳源被消耗。但目前关于到底是土壤活性有机质还是土壤难溶解有机质的温度敏感性更强的问题仍存在争论（Fang et al., 2005）。

在草地生态系统进行的野外增温试验也对土壤中活性有机质与土壤呼吸之间的关系进行了研究。Belay-Tedla等（2008）对在美国大平原草地上进行的长期（2.5年）红外辐射增温试验中0～20 cm土层的土壤进行了土壤活性碳和难分解碳的分析，发现增温会促进不刈割草地土壤中活性碳的增加，对于难分解碳无明显影响。而对于刈割草地，增温几乎不对LSOM产生影响。根据在同一个地点进行的土壤呼吸试验（Zhou et al., 2007）报道，增温处理下土壤呼吸增强。即在土壤呼吸增强的条件下，土壤中的活性有机质也增加，这与前面讨论的关于土壤活性有机质是土壤呼吸碳源的结果看似矛盾。Belay-Tedla等（2008）通过对结果的分析认为，在不刈割的试验小区增温一方面促进了土壤呼吸，即有机质分解；同时也增强了植物体对土壤碳素投入，即植物体生物量的增加。同样，Luo

等（2009）在中国海北草原进行的红外辐射增温中同样发现，增温会促进未放牧草地土壤中活性有机质（溶解性有机碳）的增加，而且这种影响可以达到40 cm土层。但增温对放牧的土壤中活性有机质无影响。

但Liu等（2009）报道了在中国北方多伦草原进行的草地增温试验关于增温和微生物间关系的研究结果。该结果表明，经过3年（2005—2007年）的增温，草地中微生物生物量碳含量、微生物生物量氮含量以及微生物呼吸强度均显著降低。研究者认为造成这种结果的主要原因是土壤水分和作物生长受到增温影响而降低，进而影响到微生物活性的结果。Saleska等（1999）和Shaver等（2000）也报道过增温对土壤呼吸和微生物呼吸产生抑制作用的类似结果。

综上，土壤中活性有机质在很大程度上控制着土壤呼吸。在长期的增温条件下，土壤呼吸的增加，往往伴随着土壤中活性有机质的减少。对于草地生态系统来说，增温对于土壤活性有机质的影响分为直接影响和间接影响。直接的影响表现为促进其分解；间接的影响表现为增温会促进植物生物量的增加，进而增加土壤中的活性有机质。但目前关于增温对土壤呼吸和土壤活性碳库的影响存在争议，无一致的结果。对于农田来说，目前还没有相关的研究和报道。华北平原农田每年两次的收获与草地的放牧或刈割相似。不同的耕作方式之间，在土壤活性有机质方面存在明显差异：保护性耕作下，土壤表层的活性有机质往往显著高于常规耕作。这种差异，可能直接地影响到不同耕作方式下土壤有机质分解对气候变暖的响应。所以，研究在不同耕作方式下，增温对土壤活性有机质分解的影响，对于从机理上解释农田土壤碳库对气候变暖的响应和评价不同耕作方式对气候变暖的适应性有着重要的意义。

1.2.8 气候变暖与生态系统CO_2交换

气候变化会影响农田碳循环和收支，净生态系统碳交换（NEE，net ecosystem C exchange）可以反映这种影响。NEE代表了生态系统呼吸（ER，ecosystem respiration）和总生态系统生产力（GEP，gross ecosystem productivity）之间的平衡。其中，ER代表生态系统向大气排放的碳。它来自植物—土壤的连续体。而GEP代表了生态系统总吸收的碳，来自于作物通过光合作用同化和吸收大气中的碳素。由于呼吸和群体光合作用是不同的生理过程和反应，而且这些生理过程和反应都会对温度上升产生反馈，所以呼吸和群体光合作用对温度上升的响应也是不同的，因此呼吸和群体光合作用的变化会导致NEE的变化。根据Illeris等（2004）的研究表明，气候变暖会促进土壤呼吸即促进生态系统向大气释放碳素；同时降低了光合作用，即减少了生态系统可吸收的碳素，进而导致在增温的条件下，生态系统会向大气释放更多的碳素。但也有研究（Oberbauer et al.，2007）表明，随着温度的增加，在北极圈附近湿润的生态系统中GEP的增加超过了ER的增加。对于植物—土壤的连续体，温度只是影响作物光合作用和土壤呼吸的一个因素，其他因素对于植物的生长或碳素的循环甚至有着更重要的影响。根据Niu等（2008）在中国北方草地的试验，研究者发现土壤中水分的有效性可以调控草地生态系统碳素排放对气候变化的响应。Wan等（2009）通过研究草地半干旱的生态系统在增温的条件下水分和氮素对碳素排放的影响，发现由于水分的制约，增温几乎不对草地生态系统碳素排放有任何影响；而氮素的增加，会促进植物的生长，增加植物的光合作用，进而增加NEE。

对于农田生态系统来说，它与草地和森林生态系统的差别还在于农田生态系统具有充足的水分和氮素的投入来确保作物的产量。根据Wan等（2009）的报道，水分的制约会抵消掉增温的影响，而氮素的增加会促进农田生态系统碳素的累积。在通常有水分保障和充足氮素投入的农田生态系统，增温可能会同时影响农田土壤水分和氮素的有效性。增温会增强水分的蒸发和作物的蒸腾，导致土壤水分的下降，进而影响作物的生长；在水分充足的条件下，增温通常会促进作物的光合作用（Illeris et al.，2004；Oberbauer et al.，2007），促进了作物的生长。因此在一定的增温幅度下，研究增温对农田生态系统CO_2通量的影响时，需要考虑土壤水分对ER和GEP的影响。

目前利用关于农田CO_2通量和农田作物生产力对气候变暖响应的研究

存在着很多争论。原因主要是增温方式和水分情况带来的影响，以及相关试验研究较少的多因子交互作用。本试验中采用红外线辐射增温，可以较好地模拟气候变暖；而试验中所选取的中国科学院禹城综合试验站可以很好地代表华北灌溉农田条件。所以，需要进行田间的长期红外线辐射增温试验来评价和预测我国北方不同耕作方式下灌溉农田CO_2通量和粮食作物生产力对气候变暖的响应，这对增强关于农田对气候变化的响应和机制的理解，为我国在相关领域的国际谈判中提供必要的基础数据起到重要的作用。

黄淮海平原面积约38万km^2，是我国主要粮食作物（小麦和玉米）的主产区，其中小麦和玉米的产量分别占全国总产量的65.2%和35.3%（Liu et al.，2010），故维持黄淮海地区粮食作物的产量对于保障我国的粮食安全是非常重要的。

综上，气候变化对农业的影响是多方面的、复杂的。受影响的各个因素间也存在着相互影响的关系。目前关于作物产量对气候变化响应的研究通常是以间接的运用模型来模拟（Peng et al.，2004）。由于气候变化和作物产量之间有着复杂的关系和不确定性，间接地以模型模拟作物产量对气候变化的响应，对于获得较为准确的结果还存在一定的制约性。但直接在开放的小麦—玉米农田体系研究作物产量对气候变暖响应的研究还未见报道。故以长期的田间开放式增温来研究该问题，对于合理地评价和预测我国未来的粮食安全性有着重要的意义。

1.3 研究目标与内容

1.3.1 研究目标

本研究利用人工控制手段，在我国华北灌溉农田开展试验，从田间尺度对气候变暖和灌溉如何影响农作物物候期和产量与农田生态系统CO_2循环、土壤呼吸及土壤碳库方面进行了研究。在此基础上，研究了灌溉、温度和耕作方式对农田生态系统碳循环的影响作用。同时评价本试验研究所在的长期保护性耕作试验对土壤碳氮库的影响。

1.3.2 研究内容

（1）研究不同耕作方式对不同土层中SOC和总碳库的影响。

（2）在田间试验条件下，研究气候变暖对农田土壤呼吸及土壤异氧呼吸的影响。

（3）在田间试验条件下，研究农田生态系统碳循环对气候变暖的适应性。

（4）在田间试验条件下，研究农作物（冬小麦/夏玉米）对气候变暖的适应性：

a. 气候变暖对作物生育期的影响；

b. 气候变暖对作物地上部和各器官生物量的影响；

c. 气候变暖对作物产量的影响。

1.3.3 技术路线（图1–2）

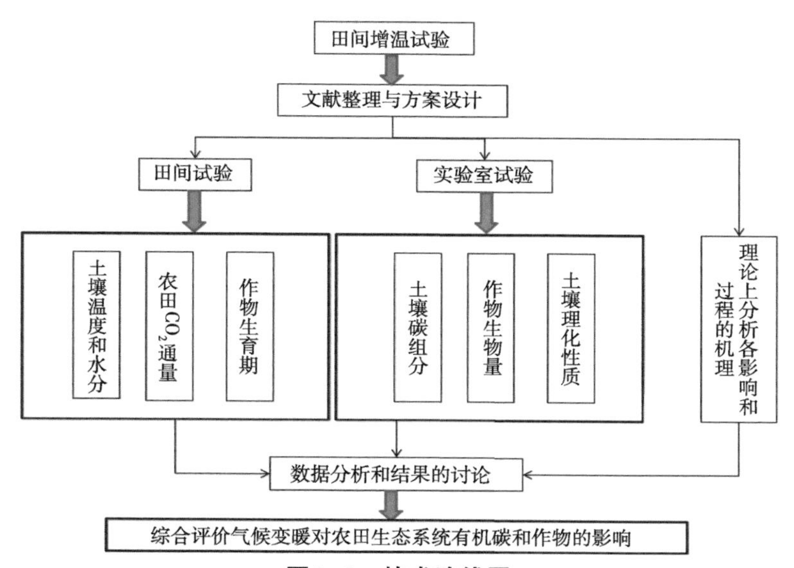

图1–2 技术路线图

第2章

数据收集与整理

2.1　试验地概况

本研究的野外试验于中国北方黄淮海平原的中国科学院山东省禹城市综合实验站（36°40′~37°12′N，116°22′~116°45′E，海拔23.4 m）的免耕试验田上进行。山东省禹城市属温带半干旱季风气候区，年平均气温13.4℃，过去25年（1985—2009年）的年均降水量为567 mm。每年约有70%的降水集中在6—9月。实验站中的免耕试验从2003年秋开始到2009年底，有7年的时间，种植的作物是华北平原主要的粮食作物冬小麦—夏玉米。整个试验区原为传统翻耕模式，有5年的小麦—玉米种植历史。在试验开始前，整个试验区进行了30 cm深的统一翻耕，并随即排列各处理。

长期保护性耕作试验地包括免耕秸秆还田（NTR，no-tillage with residue retention），免耕秸秆不还田施用有机肥（NTRRM，no-tillage with residue removed and manure application）和常规耕作秸秆不还田（CTRR，conventional tillage with residue removed）三种耕作系统，每种耕作系统有三个重复。每个重复小区的面积约为300 m^2。免耕耕作系统全年无耕作活动，只是在播种时对土壤表面由免耕播种机造成轻微扰动。该耕作系统秸秆还田，每年小麦秸秆还田量约为4.5 Mg/hm^2，玉米秸秆还田量约为6 Mg/hm^2。免耕秸秆不还田施用有机肥处理，是在免耕的基础上移除秸秆，添加有机肥（4 Mg/hm^2）。常规耕作系统每年在种植小麦前进行旋耕，深度约为15 cm。种植玉米前不耕作，直接播种。常规耕作系统每年无秸秆覆盖，作物秸秆全部移除。三种耕作方式是在总纯氮素相同的基础上进行的，每年的总N投入为492 kg/hm^2。具体来说就是NTRR处理中每年添加的秸秆中的总N含量（80 kg/hm^2），在NTRRM和CTRR处理中分别用有机肥和化肥中的N素替代。具体的施肥方式以及用量见表2-1。

表2-1为三种耕作方式在小麦和玉米季的施肥情况。其中NTRRM代表免耕秸秆移除添加有机肥处理；NTR代表免耕秸秆覆盖处理；CTRR代表常规耕作秸秆移除处理。

表2-1　三种耕作方式在小麦和玉米季的施肥情况

处理	冬小麦	夏玉米
NTRRM	无机化肥112.5 kg N/hm^2 +尿素124.5 kg N/hm^2+干牛粪4 000kg/hm^2	尿素174 kg N/hm^2
NTR	无机化肥112.5 kg N/hm^2+尿素124.5 kg N/hm^2+秸秆6 000kg/hm^2	尿素175 kg N/hm^2+秸秆4 000kg/hm^2
CTRR	无机化肥112.5 kg N/hm^2+尿素172.5 kg N/hm^2	尿素207 kg N/hm^2

试验中采用MSR—2420红外增温器（Kalglo Electronics Inc，Bethlehem, PA，USA）来模拟全球气候变暖。该设备大小约为165 cm × 15 cm，悬挂于加热的小区正上方3 m处，每天24小时加热土壤。所有的红外加热器输出功率调至最大2 000W（图2-1）。在相对应的不增温小区，装设同样高度的支架和防雨板，外形与增温设备一致，来抵消由于设备带来的光照或雨水的差异。

图2-1　中国科学院禹城试验站增温试验场

增温试验包括温度、水分以及耕作方式三个驱动因子，共设置8个处理：①免耕增温增加灌溉（NTWW，no-tllage warmed with additional irrigation）；②免耕常温增加灌溉（NTNW，no-tllage unwarmed with additional irrigation）；③常规耕作增温增加灌溉（CTWW，conventional tllage warmed with additional irrigation）；④常规耕作常温增加灌溉（CTWW，conventional tllage unwarmed with additional irrigation）；⑤免耕增温常规灌溉（NTWN，no-tllage warmed with normal irrigation）；⑥免耕常温常规灌溉（NTNN，no-tllage unwarmed with normal irrigation)；⑦常规耕作增温常规灌溉（CTWN，conventional tllage warmed with normal irrigation）；⑧常规耕作常温常规灌溉（CTWN，conventional tllage unwarmed with normal irrigation）。增加灌溉是指在常规灌溉的基础上，再增加3次灌溉，分别增加在4月、5月和12月，每次灌溉量与正常灌溉一致。即每年增加约210 mm降水量，约占常规情况下农田水总投入量（其中年均降水约567 mm，灌溉2～3次）的30%。由于该免耕平台无冬灌设置，故12月的灌溉增加一般在冬季土壤上冻前进行。每次灌溉70～80 mm。8个处理每个处理设置4个重复，其中增加灌溉的4个处理每个重复的小区面积为2 m^2，常规灌溉4个处理的每个重复小区的面积为4 m^2（图2-2）。具体的增温效果表现，使用热红外成像仪（Model SC2000 Therma CAM，Flir Systems，Danderyd，Sweden）来测定，测定日期为2011年4月19—26日，测定时间分别是9:00、15:00和21:00。测定结果如图2-3。小麦灌层温度升高白天为1.3±0.2℃，夜晚增温为1.9±0.2℃。

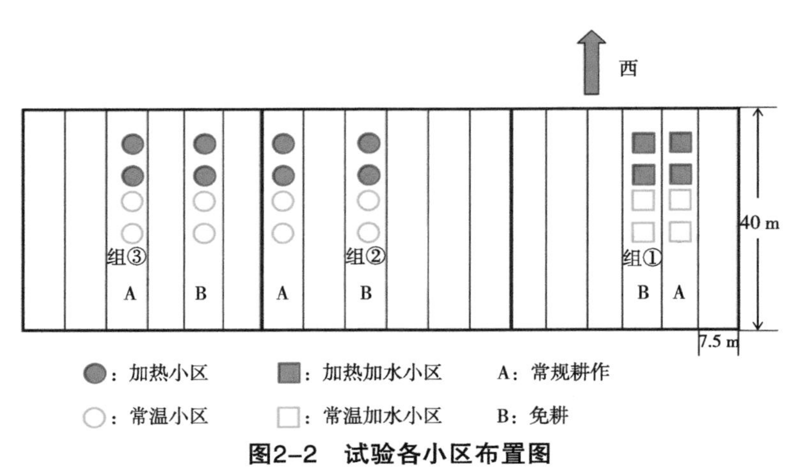

图2-2　试验各小区布置图

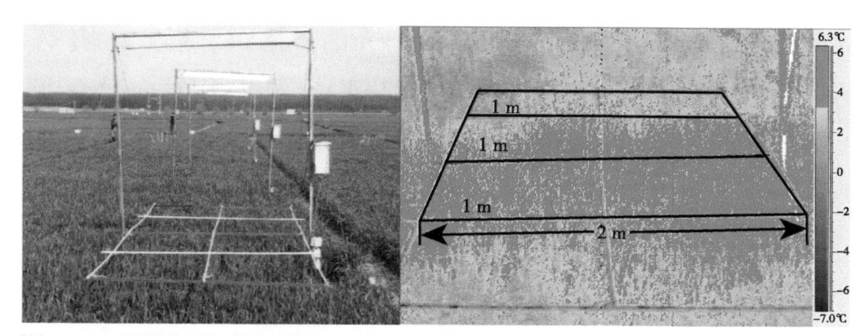

图2-3　用热红外成像仪显示的田间增温对小麦灌层温度的影响（右图）

2.2　样品采集与测定

对于增温对土壤有机质和活性有机质的影响研究，采样的深度为0～5 cm和5～15 cm。使用土钻对每个处理的4个重复小区取样。每年取土2～3次，分别为4月、7月和10月。对于耕作方式对土壤有机质影响的分析，每年土壤样品的采集土层分别是0～2.5 cm、2.5～5 cm、5～10 cm、10～20 cm、20～40 cm和40～60 cm 6个土层。每小区使用土钻随机采集5个点，混合的土样风干并过2 mm筛后分析其中的SOC和总N浓度。其中SOC的浓度采用重铬酸钾氧化法测定，总N采样凯式定氮仪测定（Gallaher et al.，1976）。6个土层的土壤容重采集使用固定体积的钢质环刀，通过挖剖面获得。为了避免不同耕作方式下容重不同造成的SOC和总N储量的差异，采用等质量法进行计算。

土壤呼吸的测定：每个试验小区安置一个PVC土壤呼吸环，每个环面积约80 cm^2，高5 cm。将土壤呼吸环插入地下2～3 cm处。土壤呼吸环摆设的位置为小麦或玉米的行间（图2-4）。每次测定之前一天，保证环中无任何植物。使用便携式光合仪（Li-cor 6400）连接土壤CO_2通量室对土壤呼吸进行测定。每点测定时，需把通量室放置在土壤呼吸环上1～3 min。土壤呼吸每月测定2～3次，每次的测定时间为9:00—12:00。测定时间尽量选择在晴天进行，或在雨后及灌溉后第3天进行（视降水情况而定，若第3天后土壤仍出现积水情况，则测定顺延）。

土壤异养呼吸的测定：8个处理，每个处理4个重复，共设置32个小区。异养呼吸小区以直径20 cm、高40 cm的不锈钢管插入土壤中，来保证不锈钢管内部无作物主根系进入（图2-4）。再在钢管内插入土壤环来进行土壤呼吸的测定。在每年小麦和玉米播种、翻耕（对于翻耕处理下的小区）和收获过程中，钢管的位置不发生变化，钢管内土壤不翻动。

图2-4　土壤呼吸环在玉米地中的情况

与土壤呼吸测定方式相似，农田CO_2排放的测定同样使用便携式光合仪（LI-COR 6400）测定，但需要自配外接密封的同化箱（0.2 m×0.3 m×0.8 m）。同化箱底座采用不锈钢制造，大小为0.2 m×0.3 m。底座有1 cm宽、2 cm深凹槽，用来固定上方的同化箱（图2-5和图2-6）。底座深同化箱使用有机玻璃制作，该试验方法已经在其他的试验中成功地用来测定试验点CO_2的通量（Xia te al.，2009）。有机玻璃制作的同化箱透光率大于90%，里面放置3个风扇，用来混匀里面的空气。同化箱扣在底座上，经过20 s左右的稳定期后，在90 s之内连续记录同化箱内CO_2浓度的变化，每9 s记录一次。其中测定ER时，使用不透明的双层黑—红布将同化箱遮盖。NEE和ER连续测定，每次测定前，需要恢复箱内CO_2浓度回到当时空气中CO_2浓度水平。GEP为NEE与ER的差值。

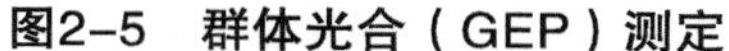

图2-5　群体光合（GEP）测定

图2-6　生态系统呼吸（ER）田间测定

土壤活性有机碳测定：本实验中，土壤活性有机碳包括了K_2SO_4溶解性有机碳（DOC-K_2SO_4）和微生物生物量碳（MBC）两种。两者的测定方法为：MBC的测定方法使用Vance等（1987）提出的氯仿熏蒸浸提的方法。称取过2 mm筛的去过根的鲜土10 g，熏蒸24 h。同未熏蒸的10 g过2 mm筛的鲜土一起加入40 ml的0.5 mol/L的K_2SO_4，放入离心管中，使用往复式振荡器190 r/min振荡0.5 h后用离心机在4 650 r/min下离心15 min至透亮，过滤纸后冰冻保存待测C，DOC-K_2SO_4浓度为未熏蒸部分由K_2SO_4溶液浸提出的C。测定使用碳氮分析仪测定。

$$MBC = \frac{\text{microbial–C flush}}{0.45}$$

其中，MBC是微生物生物量碳值，microbial-C flush部分是熏蒸与未熏蒸部分C的差值。

土壤温度和水分的测定：在靠近土壤呼吸环的地方，土壤温度和土壤体积含水量分别埋入温度探头（PT100）和水分探头（FDS100，北京联创思源）在地下5 cm处长期监测。温度和水分的观测点，每小区各布置一个。每10 min各小区的土壤温度和水分情况会被自动记录一次。表2-2为增温对地下5 cm处一年内日平均温、白天平均温、夜晚平均温、日最高温和日最低温的影响结果（从2010年7月31日到2011年7月31日）。

冬小麦的相关测定：

冬小麦生育期的观测从返青到收获。每个生育期开始的日期是通过观测当超过50%的小麦进入下一个生育期时计算。冬小麦的株高测定是根据随机选取的20株小麦的平均高度计算的。在2010年和2011年小麦季，株高的测定分别从小麦返青后明显开始生长后每7天和5天测量一次，两年分别是从3月19号和3月15号开始的。地上部生物量的测定是在每个小区内随机取20株小麦，即每个处理共有8个重复，带回实验室后70℃烘干48 h至恒重并称重得到。小麦的结实小穗、不孕小穗、穗数、千粒重和穗粒数均通过人工考种获得。产量均通过每个小区2 m×2 m范围内的小麦产量获得。

表2-2　增温对地下5 cm的增温情况（2010年7月31日至2011年7月31日）

项目	免耕（℃）	常规耕作（℃）
日均温	1.09 ± 0.14	1.60 ± 0.20
白天平均温	0.73 ± 0.10	1.51 ± 0.09
夜晚平均温	1.34 ± 0.11	1.68 ± 0.20
日最高温	1.46 ± 0.23	1.01 ± 0.14
日最低温	1.66 ± 0.13	1.50 ± 0.19

夏玉米的相关测定：

夏玉米产量和生物量测定与小麦相似，均以2 m×2 m的增温小区为采样面积，测定不同处理下4 m^2内玉米的产量来计算单位面积玉米的产量以及地上部生物量。测定产量和生物量前，先以70℃烘干48 h至恒重再称重得到。在进行玉米人工考种时，每个处理的4个重复均随机选择2株玉米来进行。在经过70℃烘干48 h至恒重后，对玉米的株高、穗粒数、行数、结穗高度以及千粒重进行测算。

2.3　数据分析

各指标之间的差异显著性分析使用SPSS 11.5（SPSS Inc., Champaign, IL）进行（P<0.05）。土壤各指标属性变化的线性分析和置信区间的计算采用Sigmaplot 10.0软件（Systat Inc.，Chicago，IL）进行分析。土壤呼吸的指数回归分析采用Micsoft Excel 2007进行分析。

第3章

增温对作物产量和物候学的影响

3.1 引言

温度是影响作物产量的重要因素之一。在田间开放的条件下模拟气候变暖来研究其对作物产量的影响，有助于预测未来气候变暖条件下粮食作物的供给情况，为保证粮食安全提供科学的参考依据。温度对作物产量有直接和间接的影响。温度的升高会直接加快作物的呼吸作用，消耗更多的底物养分，使得作物淀粉和糖类物质积累量减少；另一方面作物的生育期与作物的产量之间有着密切的联系：比如作物灌浆期缩短必然会导致作物的减产。同时作物的生育期又受到温度的制约。气候变暖会直接造成农作物生长发育时期环境温度的升高导致作物生育期的提前，进而会影响到作物的产量。

3.2 材料与方法

图3-1为2010年和2011年试验地的降水和气温情况。数据来自离试验地100 m的人工气象站。其他内容详见第2章。

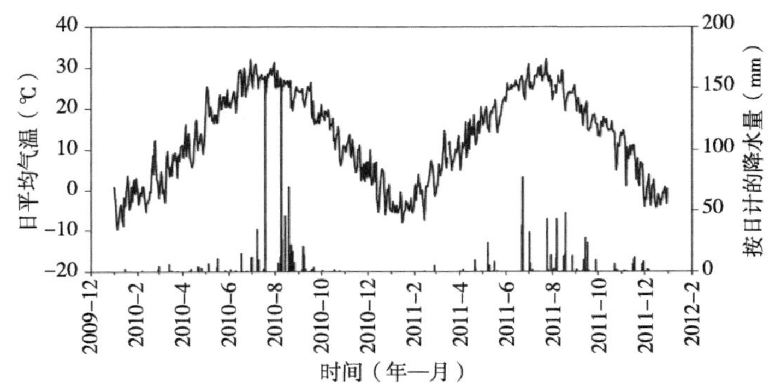

图3-1　2010年和2011年降水量（柱状）和日平均气温（线性）动态情况

3.3　结果与分析

3.3.1　增温对小麦生育期和生长的影响

表3-1表明，冬小麦的生育期在2010年和2011年均明显地受到增温的影响。从结果上看出，连续两年增温使冬小麦整个生育期分别缩短了6天和11天。增温只影响到了从返青期到拔节期的时间，对其他生育期长度并未产生明显影响。2010年和2011年，增温下小麦返青期到拔节期的时间与常温相比分别提前了5天和11天，与增温对整个小麦生育期提前的时间几乎一致。而增温对其他生育期长度的影响变化在两天以内，其中返青期提前了2天。连续两年之间增温致使生育期缩短的时间有较大差别的原因可能是由于2010年3—5月温度较低所致。

为了分析这种现象生产的原因，通过利用禹城站气象站的气温数据，计算了不同处理下小麦各生育期内的平均气温情况。分析发现（图3-2），由于增温提前了小麦的生育期，同时由于在春季气温呈上升趋势，所以在试验的两年增温处理下的小麦各生育期内平均气温通常低于常温处理，其幅度为0.14 ~ 4.22℃。除了2010年5月3—10日出现的“热浪”事件，其他各生育期内增温处理下的平均气温均“低于”常温处理。增温和常温处理下，两季小麦从返青到收获的平均温分别是17.51℃ VS. 17.94℃和13.44℃ VS.14.89℃，增温处理下小麦生长季的平均气温分别比常温低了0.43℃和1.45℃。增温处理下的加热效果弥补了这部分的温度差。即虽然增温处理增加了小麦生长环境的温度，但对小麦各生育期的平均温度影响不大。特别是对返青—拔节后的生育期，如挑旗、抽穗、开花、灌浆和成熟期，这些生育期的长度几乎没有发生变化，那么由于生育期提前导致平均温度下降的影响完全由增温来补偿。这也说明了小麦能够通过自身对温度的上升调节在一定程度上降低增温对其生长的影响。

由于增温影响了冬小麦的生育期，所以增温也会影响作物的长势。从图3-2可见，增温会明显地增加冬小麦的株高。在返青前，虽然增温与常温小区株高方面也有差异，增温小区的小麦株高略高，但差异不明

表3-1　2010年和2011年增温对免耕（NT）和常规耕作（CT）处理下冬小麦产量及其组分的影响

处理	分蘖数（个/m^2）	结实小穗数（每分蘖）	未结实小穗数（每分蘖）	粒数	粒重（mg）	产量（Mg /hm^2）	Increase in AB（%）	HI（%）
				2010年				
NTN	489(28)	16.1(1.9)	1.4（1.0)	35.3(6.5)	36.6（0.1)	6.0(0.3)		53
NTW	461(25)	15.3（2.3)	1.6（0.8)	34.7(7.4)	37.2（0.1)	5.8(0.2)	10.0	48.1
CTN	510(33)	15.6（1.7)	1.0（0.9)	34.6(6.1)	36.2（0.3)	6.3(0.2)		51.9
CTW	486(29)	16.3（1.8)	1.3（1.0)	36.0（4.8)	37.0（0.2)	6.4(0.1)	13.4	47.7
				2011年				
NTN	511(37)	15（2.0)	1.7（1.5)	34.6(6.1)	37.9（0.0)	6.7(0.2)		60
NTW	483(18)	14.7（2.1)	2.7（1.5)	32.1(6.4)	39.6（0.8)	6.2(0.4)	19.6	48
CTN	523(24)	15.2（2.2)	1.4（1.1)	34.3(7.0)	37.2（0.5)	6.6(0.2)		59.9
CTW	490(27)	16.2(2.1)	1.3（0.9)	35(7.2)	37.9（0.3)	6.6(0.6)	16.8	51

显。但在随后的拔节期，增温小区的小麦长势更快，并且株高要显著地高于常温处理下的小区。造成这种现象的原因可能是因为增温使得小麦更快地进入了拔节期，使得小麦加速生长，形成了与常温间的明显差别。根据2010年和2011年连续两年的结果，这种株高上的差别在小麦的整个生育过程中一直存在。但增温与常温间株高的差别随小麦开花期的临近而逐渐变小。分析发现连续两年的增温研究均表明增温会导致小麦的株高增加。

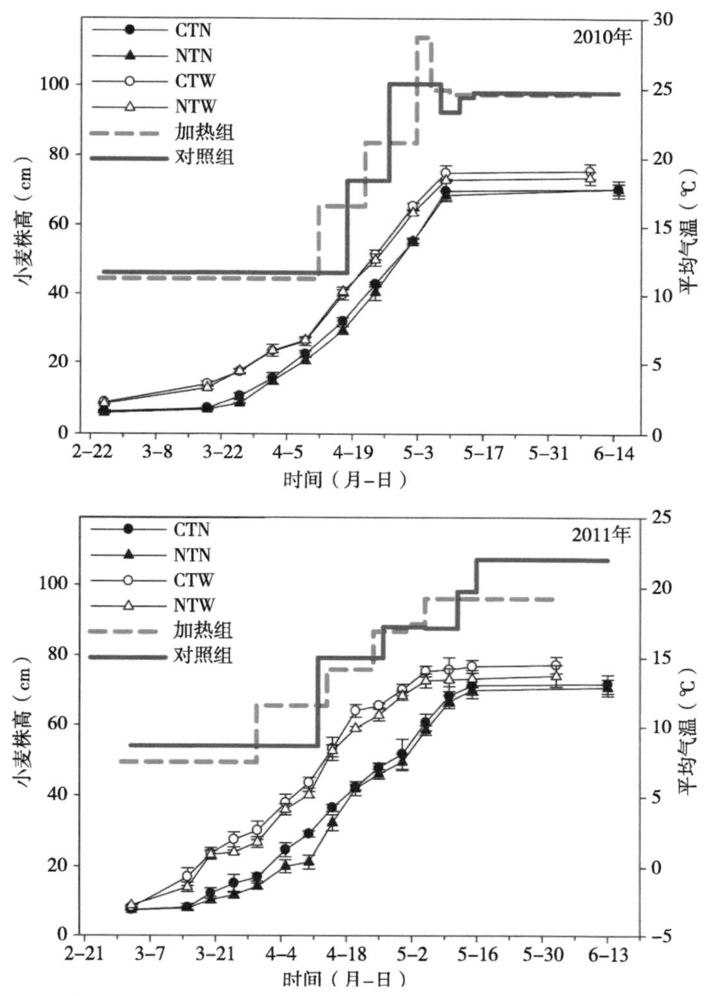

图3–2　增温对2010—2011年度冬小麦生育期的影响（从返青开始）

3.3.2 增温对冬小麦产量和地上部生物量的影响

增温虽然在2010年和2011年分别缩短了5天和11天冬小麦的生育期（图3-2），但由表3-1可知，增温并没有显著影响冬小麦的产量。对于免耕来说，增温有减产的趋势，2010和2011年产量与常温处理相比分别下降3.3%和7.4%，差异不明显（$P>0.05$）。而对于常规耕作来说，增温与常温之间的几乎无差别。连续两年的试验结果表明，增温并未对冬小麦的产量造成明显影响，只是对于免耕来说有减产的趋势，但差异不显著。为了更好地研究小麦产量和温度变化之间的关系，对小麦的产量构成进行了分析。通常来说，小麦的产量由单位面积内小麦的穗数、穗粒数和粒重构成。根据本试验的结果，由表3-1可知，增温有减少单位面积小麦穗数的趋势，对于免耕和翻耕均有这种趋势。对于单位穗上的受孕小穗数，增温在不同耕作处理下的影响不一致：即在翻耕处理下，增温有增加受孕小穗的趋势；而在免耕处理下却出现了相反的趋势。但这些差别均不明显。同时发现在不同的耕作处理下，增温有增加不孕小穗数量的趋势。单个穗上的穗粒数，也没有受到增温效果的影响，保持在每穗34粒左右。增温对小麦产量构成的另一个趋势性影响是对粒重的影响。由表3-1可知，增温在2010年和2011年均显著（$P<0.05$）增加了小麦的粒重。这说明在黄淮海地区，温度的升高只会缩短作物的生育期，特别是拔节期，但对作物的产量不会造成明显的影响。

增温增加了冬小麦的株高，而且这种增加的趋势保持到小麦开花以后，即增温会增加小麦的地上部秸秆高度。是否这种对秸秆高度的增加同时增加冬小麦地上部的秸秆生物量？表3-1表明增温对NT和CT两种耕作方式地上部秸秆的影响均表现为正效应。地上部生物量在增温条件下比常温处理提高了10.0%～19.6%。同时，由于产量的变化很小，所以温度的升高也导致了小麦收获指数的下降，降幅在4.2%～11.8%。

3.3.3 增温对玉米产量和地上部生物量的影响

作为主要的粮食作物，气候变化对玉米产量的影响关系到未来世界的粮食安全。与冬小麦相比，夏玉米的生长季主要集中在夏季，温度高，雨水丰富。通常认为，C_4作物与C_3作物相比，对于温度和水汽变化的适应性更强，但根据Tao等（2008）对我国1979—2002年的研究结果表明，与大豆和小麦相比，同期内玉米对于温度升高的变化幅度最大，22个种植玉米的省份中有7个省的玉米产量下降，下降幅度为1.6%~27.9%。说明玉米的产量与小麦和大豆相比可能对于温度的变化更为敏感。

在本试验中，利用人工增温设备，在2010年和2011年对夏玉米和温度之间的关系进行了研究。由表3-2可见，增温在研究的两季中对玉米的产量影响不一致。在2010年，增温引起了玉米产量的下降，其中翻耕条件下减产明显，幅度达到8.15%。免耕条件下虽然减产但只降低了0.43%。而在2011年，翻耕和免耕在增温的处理下产量分别增加了3.47%和7.83%。在地上部秸秆重量方面，增温在连续的两年研究中均增加了各处理下地上部的秸秆重量，但差异均不明显。从整个地上部生物量来看，除2010年增温对翻耕处理表现为负效应，降低了2.67%，其他情况下均增加了夏玉米的地上部生物量。

表3-2　2010年和2011年耕作方式及增温对夏玉米产量和地上部生物量的影响

处理	产量（Mg/hm^2）	地上部秸秆重量（Mg/hm^2）	地上部生物量变化（%）
		2010年	
CTN	6.87 ± 0.42	4.75 ± 1.27	−2.67
CTW	6.31 ± 0.17	5.00 ± 1.11	
NTN	7.53 ± 0.47	5.51 ± 1.00	2.82
NTW	7.50 ± 0.42	5.88 ± 1.07	
		2011年	
CTN	6.34 ± 0.21	3.85 ± 0.34	6.98
CTW	6.56 ± 0.41	4.28 ± 0.31	
NTN	6.51 ± 0.44	4.74 ± 0.73	8.99
NTW	7.02 ± 0.62	5.24 ± 0.27	

3.4 讨论

3.4.1 气候变暖与小麦生育期

许多作为作物—气候模型基础的室内试验认为温度的升高会造成小麦的减产（Sofield et al.，1977；Chowdhury et al.，1978；Batts et al.，1998），模型认为减产幅度为温度每升高1℃减产5%（Lin et al.，2005；Lobell，2007），而对于我国来说，减产达到6%～20%。本试验中增温幅度为1.3～1.9℃，即减产率应达到8%～38%。根据两年的试验结果，增温对于免耕和常规耕作体系下小麦产量同样是降低，但幅度很小。Hatfiled等（2011）综述了气候变化对作物产量的影响，认为气候变暖对小麦产量的负面影响主要是因为在相同的光合作用背景下，增温会缩短小麦的生育期，从而减少小麦的干物质积累。但本研究认为，增温对小麦生育期的缩短出现在小麦的营养生长阶段，只缩短了返青到拔节的时间，而对其他的生育阶段长度几乎没有影响。Liu等（2009）分析了我国华北地区25年来气候变化对小麦产量的影响。研究人员发现，该地区平均温度的上升并没有造成预测中的大幅度减产，并把造成这种现象的原因归结为作物品种的改变。前人实验室内的研究通常在恒定的环境温度下，增加温度来达到模拟气候变暖的情况。但这种办法不能够模拟周围环境温度的变化。由图3-2可见，由于增温提前了小麦的生育期，使得增温与不增温小区相比同一生育期内的环境空气温度变得更低。按照作物在获得足够热量后会自动进入到下一个生长季的理论，增温小区增加的热量会补偿这部分应该来自于环境的热量，所以增温小区各生育期内较低的平均温度并没有延长各生育期的长度。所以，我们认为在一定范围的增温，只会导致小麦各生育期的提前，而不是缩短。所以这种程度的温度上升对小麦生长带来的可能是负面影响，可以被小麦自身对环境变化的适应性所抵消。在同样的开放式增温条件下，Ottman等（2012）和张彬（2010）分别发现了增温不会影响和增加小麦产量的结果。而White等（2011）也发现开放式增温条件下小麦的生育期若利用以前的作物—环境模型（CSM-CROPSIM-CERES）模拟会出现较大的误差，而误差的来源就是温度对小麦生育期的影响。

3.4.2　气候变暖与小麦地上部生物量

有研究表明，增温特别是夜间温度的升高会促进作物体内底物的分解，造成作物减产（Peng et al.，2004）。根据本研究结果，增温会促进灌溉农田的地上部生物量积累。这个结果与前人在草地生态系统的研究相似（Luo et al.，2001；Wan et al.，2009）。Wan等（2009）发现夜间增温虽然促进植物夜间叶片的呼吸，增加了植物体内物质的消耗，但仍然增加了地上部的生物量。研究人员进一步发现，作物具有光合作用补偿效应，即由于增温而增加的夜间叶片呼吸消耗，会在第二天通过光合作用的增加而进行补偿。结果是增温处理下的植物在白天通过光合作用形成的糖类和淀粉物质更高。本研究中增温促进作物地上部生物量增加的现象也可以利用这个理论来解释。以上结果说明，在对作物产量几乎无影响的前提下，增加秸秆生物量即增加了冬小麦的地上部生物量，也就是增强了冬小麦的固碳能力。这对于农田生态系统在气候变化背景下固碳潜力的研究有着重要的意义。

小麦的产量由单位面积内穗数、穗粒数和粒重决定的。根据表3-1，增温对各处理下穗粒数影响不明显，但会显著增加粒重和减少单位面积的穗数和结实小穗数。根据Donald（1968）理想株型的理论，假设单位面积内穗数的减少则会促进发育中和未发育完全结实小穗的发育，进而导致单个穗粒重的增加，这个假设中的结果与本试验中的结果相一致。另一个利用红外增温的开放式田间试验也发现增温会增加小麦的千粒重。

3.4.3　增温与玉米产量和生物量

作为最重要的粮食作物之一，温度变化对玉米的影响也是研究的热点。通常认为，温度的升高会缩短玉米的生命周期和生殖阶段进而导致籽粒产量的下降（Muchow et al.，1990）。Muchow等（1990）通过观测报道玉米的产量随着平均温的上升而下降，同时发现在不考虑水分限制的条件下温度每升高2℃，产量下降5%～8%。Lobell和Field（2007）将1961—2002年的数据中温度和降水的影响因素分离，发现温度每升高1℃，产量下降8.3%。温度升高对玉米授粉和籽粒发育的影响可能是玉米对气候变化相应的最重要的表现之一（Hatfield et al.，2011）。Fonseca和Westgate（2005）研究发现，花粉的生育能力与其水分状况密切相关决定于当时环境中的水汽压差。对于玉米生长的最适温度，研究认为33～38℃玉米的叶片光合作用有效性不会受到影响（Edwards and Baker，1993）。在本实验中，增温在连续的两年试验中均增加了玉米秸秆，但对玉米产量的影响并不一致。目前对这种现象还不能很好地解释，需要进一步的研究来发现其中的原因。从生育期来看，增温并没有影响玉米的生育期，影响作物生长的因素还包括水分。如在2010年，玉米季从7月1日至8月31日，玉米关键的生育期内降水量达到了606.5 mm，占全年降水量的83.08%（2010年全年降水量为739.4 mm）。特别是8月的降水量更是达到了386.9 mm，造成了农田土壤长期处于被淹没的状态，影响了玉米。而在2011年，同期降水量为243.5 mm，仅占全年降水量的43.03%（全年降水量为565.9 mm），而且并没有造成淹没状态。淹水状态也使得温度的升高对土壤影响消失，并抑制玉米根系呼吸。所以不同年季间，降水和增温可能共同造成了试验中的情况。

3.5 本章小结

在增温情况下，小麦会在一定程度上通过自身对气候变化的适应性调整生育期长度来抵消掉气候变化带来的负面影响。从而避免了气候变暖对作物产量造成明显的负面影响。同时增温会促进作物地上部生物量的积累，使得农田生态在气候变暖的背景下具备了增加从大气中固持更多碳素的潜力。气候变暖对作物产量的影响主要是对单位面积内的穗数和粒重形成的，而来自生育期的影响是很小的。由于玉米对温度的上升有着较强的适应能力，在增温2℃情况下对玉米生育期和产量影响不明显，内在的关系还需要进一步地分析和观测。增温会促进灌溉农田地上部生物量的增加，对于大气中碳素的固定有着积极的意义。根据研究结果，在该灌溉农田，气候变暖短期内不会对小麦和玉米产量构成较大的影响。

第4章

增温与小麦季农田土壤呼吸

4.1 引言

自1850年到现在，全球的平均气温上升了0.76℃，IPCC（2007）预测在21世纪末全球平均温会上升1.8～4.0℃。温度在时空上大幅度的变化会通过反馈关系影响土壤碳库中碳素的循环。研究表明，气候变暖会促使生态系统由碳汇向碳源转变（Piao et al.，2008）。另一方面，作为农作物生长所需的最重要资源，水分会由于温度升高而更容易形成蒸散发，影响农作物生长和产量。虽然IPCC预测在21世纪降水的总量会保持每十年0.5%～1%的速度在全球范围内增加，但考虑变暖的时空大幅度差异，降水同样可能不会均一地增加。对于农田来说，可能需要增加灌溉来达到抵消温度升高对于农田水分的负面影响的效果。土壤呼吸是农田生态系统碳交换的重要组成部分，代表了来自土壤表面的CO_2释放。土壤呼吸主要来自微生物对土壤有机质分解时产生的呼吸和作物根系产生的根际呼吸及它们的结合（Kuzyakov，2006）。即土壤呼吸主要来自微生物和作物根系，它们均受到气候和水分的影响，所以导致土壤呼吸也容易受气候变化影响的敏感指标。研究表明，即使土壤呼吸的通量略有变化，也会对大气中温室气体的变化产生巨大的增加或缓解的影响（Cramer et al.，2001）。因此，掌握土壤呼吸对于温度上升的响应对于合理评价气候变化的影响有着重要的意义。研究表明，土壤呼吸的产生受到土壤温度、水分以及底物有机质浓度的影响（Kuzyakov，2006；Zhou et al.，2006）。在实际研究过程中，三者会作用在一起对土壤呼吸进行复杂的影响。本实验考虑了温度、灌溉和耕作措施三个驱动因子，并按照土壤呼吸的组成将微生物呼吸从土壤呼吸中分离，来研究土壤呼吸及其组分对温度上升的影响。

4.2　材料与方法

温度与土壤呼吸作用的生化过程之间的关系通常用指数方程即Arrhenius方程来描述。Van' t Hoff（1884）提出用经验指数模型来描述化学反应对温度变化的响应：

$$R=\alpha e^{\beta T} \qquad (4.1)$$

其中，R是呼吸，α是0℃时的呼吸速率，β是温度响应系数，T是热力学温度。

呼吸作用对温度的敏感性通常用Q_{10}来表示，Q_{10}是指温度升高10℃所造成的呼吸速率改变的商。用公式表示如下：

$$Q_{10}=R_{T_0+10}/R_{T0} \qquad (4.2)$$

其中，R_{T_0+10}和R_{T0}分别表示在T_0+10℃和T_0时刻的土壤呼吸速率。当温度和土壤呼吸之间关系用指数函数拟合时，Q_{10}就可以通过4.3中的b表示出来：

$$Q_{10}=\mathrm{e}^{10b} \qquad (4.3)$$

通常Q_{10}的测量值在2左右，也就是说温度每升高10℃，土壤呼吸的速率增加一倍。

4.3　结果与分析

4.3.1　增温对小麦季土壤呼吸的影响

由图4-1可见，农田的土壤呼吸明显地受到季节变化的影响，即温度与土壤呼吸之间通常存在着正相关关系。各处理下，土壤呼吸随时间的变化趋势相似。以CTWN处理（常规翻耕增加灌溉不增温）为例，其2010年3月初的土壤CO_2的通量为0.25 μmol/（m^2・s），而到了7月下旬达到了12.07 μmol/（m^2・s）。另外农田土壤CO_2的通量同样受到作物生长的影响。我们也发现，随着作物（包括冬小麦和夏玉米）的生长和发育土壤的CO_2通量逐渐增加，这种现象一般出现在每年的3月到5月中旬和6月初到8月初。这两个时间段恰分别为小麦和玉米的营养生殖阶段。而作物根系的生长与温度间的关系不是简单的正相关关系，即在作物营养生长期，作物的根系会随着温度的升高而生长迅速；但当作物进入生殖生长阶段，根系的生长几乎停滞，当作物进入生殖阶段后，土壤呼吸呈现下降趋势。温度的升高并没有对2010年和2011年总的土壤呼吸形成促进的影响。为更好地评价全年整个观测时段内不同处理下土壤的碳素排放，分析了2010年和2011年3—11月，日平均碳素的排放约为3～4 μmol CO_2/（m^2·d）。对于翻耕增加灌溉的处理，不增温处理较增温处理（CTWN VS. CTWW）增加了19.2%的CO_2排放；同样是增加灌溉的条件，不增温免耕比增温免耕提高了4.3%的土壤CO_2通量。其他处理下，增温与不增温之间的差别不明显。从该平均结果发现，增温没有促进土壤CO_2排放的增加。对不同的耕作措施进行比较，结果表明，翻耕有促进土壤呼吸的现象，即无论是否增温，翻耕的土壤呼吸均显著高于免耕耕作措施，除CTWW和NTWW。对于灌溉的增加，我们发现除翻耕增温的处理外，其他处理在增加灌溉的条件下均出现土壤呼吸增加的趋势。

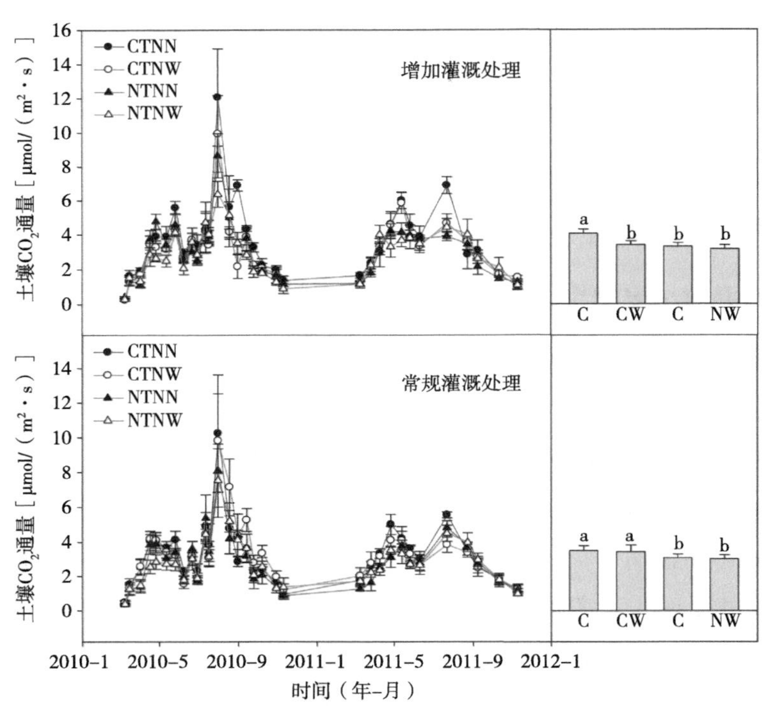

图4-1　2010年和2011年增温和灌溉对冬小麦季不同处理下对土壤CO_2排放（土壤呼吸）的影响

增温对2010年和2011年总的碳素排放影响，由表4-1可知，在2010年，不增温的处理通常要比增温的处理排放更多的碳素。其中以CTWN VS. CTWW最为明显。但在2011年，这种情况在免耕处理下发生了变化。增温促进了免耕处理下土壤呼吸的增强，与未增温的处理相比增加了农田土壤碳素的排放。但增幅较小，增加灌溉和常规灌溉的增幅分别是5.9%和0.93%。

表4-1　不同耕作方式下增温和灌溉处理在2010年和2011年对农田土壤碳素排放的影响

处理	年度二氧化碳通量［g C/（m^2·年）］	
	2010年	2011年
CTWN	1 053 ± 78	935 ± 65
CTWW	834 ± 38	837 ± 48
NTWN	811 ± 67	767 ± 76
NTWW	777 ± 70	812 ± 73
CTNN	867 ± 84	842 ± 91
CTNW	850 ± 80	752 ± 31
NTNN	761 ± 54	734 ± 59
NTNW	746 ± 57	741 ± 45

4.3.2　增温对土壤异养呼吸的影响

土壤异养呼吸，主要来自土壤中微生物对有机质分解产生的呼吸，不含有作物根系产生的根呼吸。根据图4-2，各处理下土壤异养呼吸的强度会随着温度的上升而增强。增温会导致同一处理下的土壤异养呼吸降低，即在相同的温度下，增温处理后的土壤异养呼吸低于常温处理。根据各处理下Q_{10}的分析，只有在常规灌溉的免耕处理下（NTNN VS. NTNW），增温的Q_{10}低于常温处理（1.52 VS. 1.51），而其他处理下均是增温提高了Q_{10}，但和未增温点的Q_{10}值差异在0.03～0.16范围内。增温对异养呼吸的影响与对土壤呼吸的影响相比更为明显，在2010年和2011年两年不同灌溉方式下增温与常温相比均降低了异养呼吸（除去2011年免耕常规灌溉为增温增强了1.1%的土壤异养呼吸），降低范围2.9%（2010年翻耕常规灌溉处理）至16.2%（2011年翻耕增加灌溉处理）。

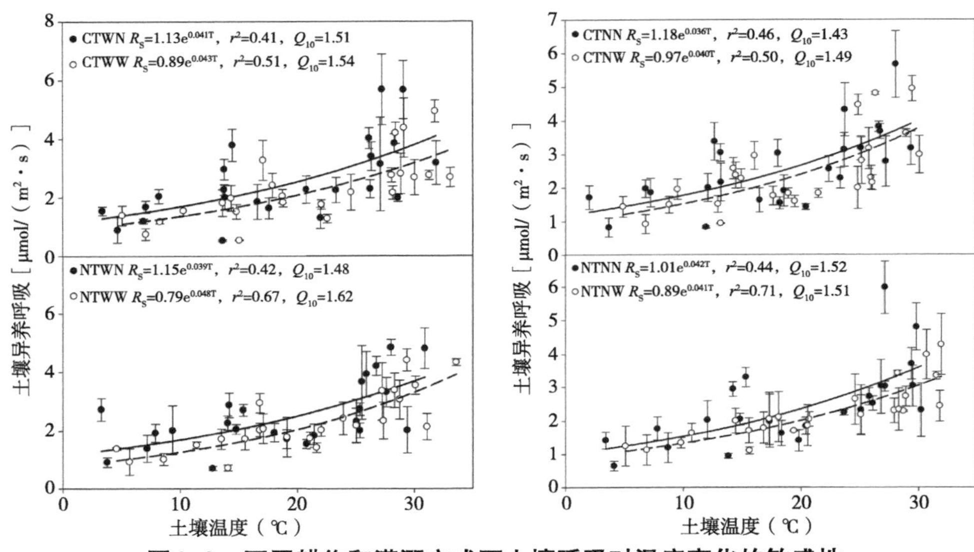

图4-2　不同耕作和灌溉方式下土壤呼吸对温度变化的敏感性

图4-3展示了异养呼吸对土壤呼吸的贡献百分比及其年度的平均值。在不锈钢环插入土壤后的两个月内（2010年6月和7月），土壤异养呼吸比土壤呼吸更大，但这种现象在进入2010年8月后消失。从平均值来看，不同处理下的异养呼吸对土壤呼吸的贡献百分比在2010年略高，变化范围为71.4%～89.1%；但在2011年不同处理下该百分比均有所下降，变化范围降低至59.5%～77.8%。从两年总的测定周期内，各处理下土壤异养呼吸对土壤呼吸的贡献百分比为74.1%，则根系对土壤呼吸贡献的百分比约为25.9%。

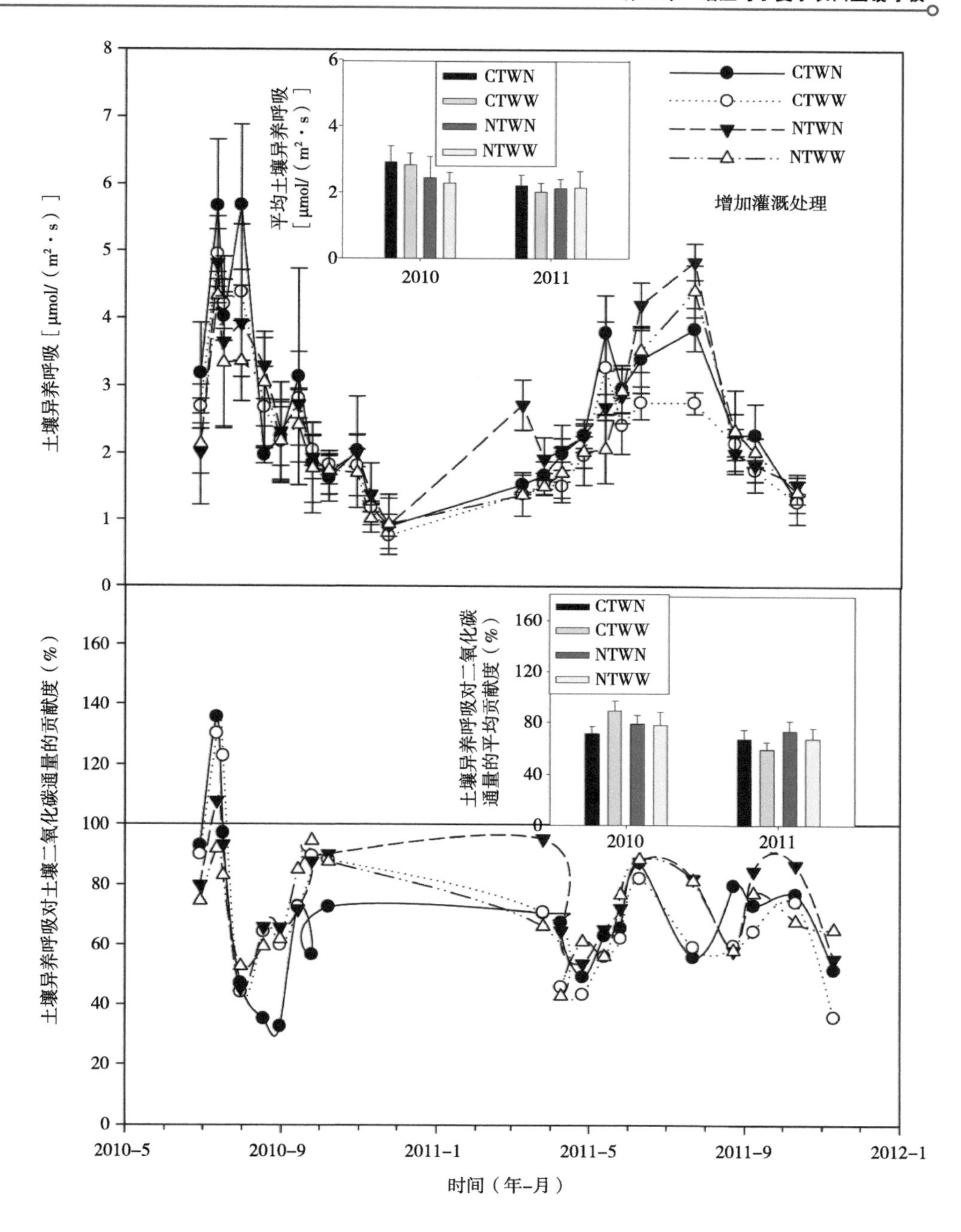

土壤异养呼吸［μmol/（m²·s）］
平均土壤异养呼吸［μmol/（m²·s）］
CTWN
CTWW
NTWN
NTWW
2010
2011
增加灌溉处理
土壤异养呼吸对土壤二氧化碳通量的贡献度（%）
土壤异养呼吸对二氧化碳通量的平均贡献度（%）
2010-5
2010-9
2011-1
2011-5
2011-9
2012-1
时间（年-月）

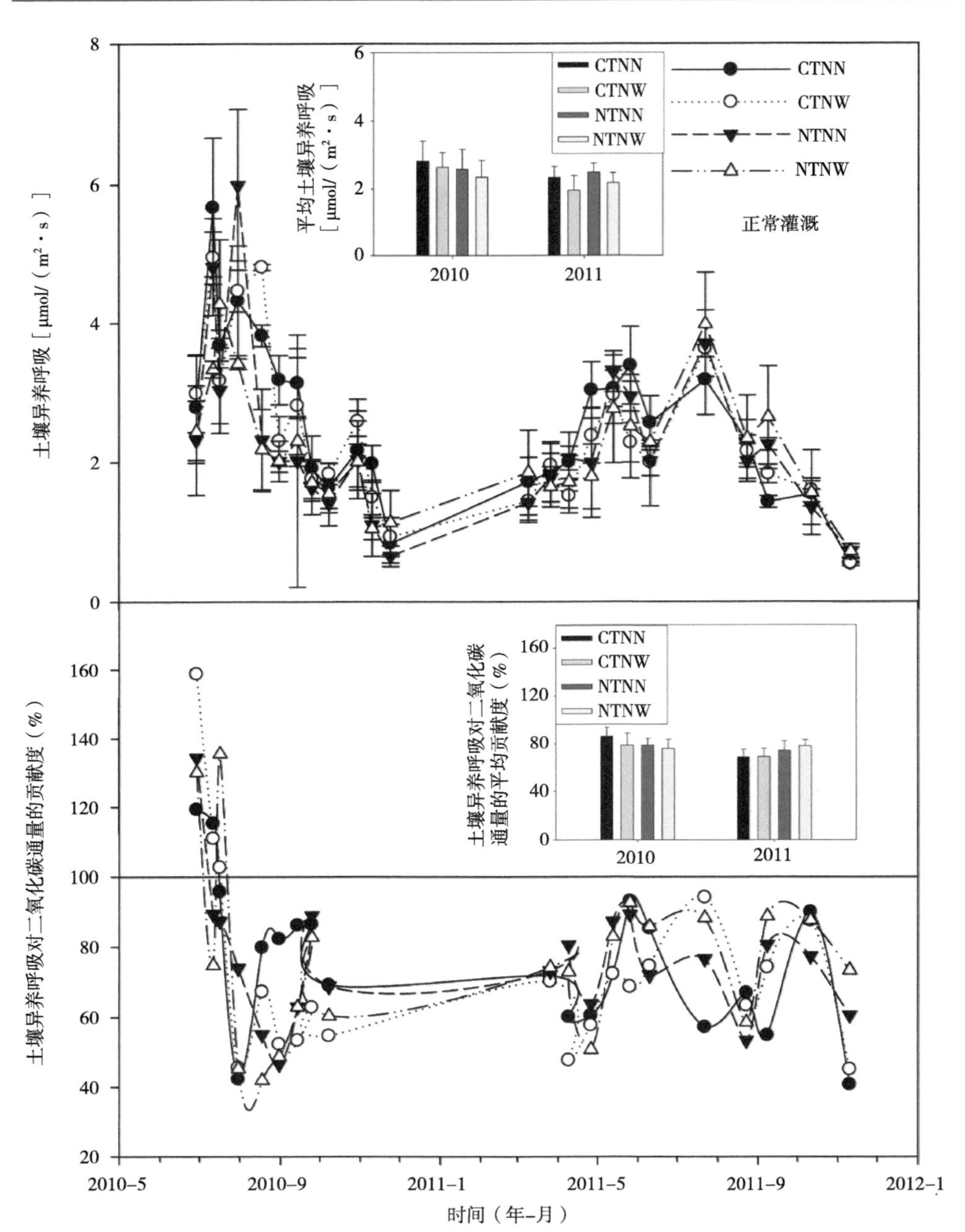

图4-3　作物生长季内温度、耕作方式和灌溉处理下异养呼吸速率的变化和它对土壤CO_2通量的贡献度

（内部小图代表年均异养呼吸速率和其占土壤CO_2排放的百分比）

4.4　讨论

4.4.1　增温对土壤呼吸温度敏感性的影响

通常来说，土壤呼吸对于温度的变化有着很强的敏感性。那么在本实验处理下，两者的关系是如何的呢？根据土壤呼吸和土壤温度之间的指数关系，由图4-4可见，随着温度的升高，不同处理下的土壤呼吸均呈现增强的趋势。但增温并没有增加农田土壤呼吸的强度。根据第2章中土壤呼吸对温度敏感性的公式，系数b越大，则土壤呼吸对温度的敏感性就越强，即Q_{10}越大。结合图中的结果，说明温度的升高降低了农田土壤呼吸对温度的敏感性。对于翻耕来说，灌溉增加与正常灌溉b值均降低了0.13；对于免耕来说，两种灌溉模式下b值分别下降了0.05和0.16。翻耕增加灌溉，增温和不增温条件下的Q_{10}分别是2.14和1.88；翻耕正常灌溉，增温和不增温条件下的Q_{10}分别是1.57和1.38。对于免耕增加灌溉来说，增温和不增温条件下的Q_{10}分别是2.27和2.16；免耕正常灌溉，增温和不增温条件下的Q_{10}分别是1.92和1.63。对于不同耕作方式来说，不同灌溉模式下的免耕处理的Q_{10}值均高于相应的翻耕处理。即随着气候的变暖，免耕处理下的土壤呼吸更容易随着温度的升高而增加。同时我们也发现，温度与土壤呼吸的关系在温度高于20℃时，土壤呼吸出现了下降的情况。即土壤呼吸的最大值并没有出现在土壤温度的最高值。本试验中土壤呼吸的峰值出现在5月上旬，即土壤温度为20℃左右的时期。

为了能够更加准确地预测随全球气候变暖带来的农田土壤呼吸的响应规律，需要更加清楚地了解和掌握农田生态系统中不同影响因素对土壤呼吸造成的影响以及它们之间的相互关系。通过实验中的结果（表4-1），增温并没有增加不同的耕作和灌溉处理下的土壤呼吸强度和总的土壤碳排放量，特别是在试验开始的第一年。这个结果与一些前人的研究相矛盾。野外试验中，Schindlbacher等（2009）通过埋设电阻丝的方式给农田土壤增温4℃，在试验的2005年和2006年增温分别增加土壤呼吸45%和47%。Zhou等（2007）在草地生态系统利用热红外技术进行增温试验研究时，也发现在研究的1999—2006年中，多数年份土壤呼吸由于温度升高而增加。根据Rustad等（2001）统计了17个野外增温对土壤呼吸影响的结果，发现在增温的第一年，土壤呼吸与未增温相比会平均升高1.2 μmol/（m^2·s）。但在本研究中，第一年增温处理下的土壤呼吸并没有上升，而是平均下降了0.23 μmol/（m^2·s）。研究认为，增温对土壤呼吸的增加可能由于土壤中活性有机质的氧化被增温促进所导致的（Lin et al., 2001）。Mellilo等（2002）发现，增温对森田土壤碳库的影响经过初期土壤呼吸的大幅增加后会明显下降，研究者把这种下降归因于土壤中活性有机质的显著降低造成的。

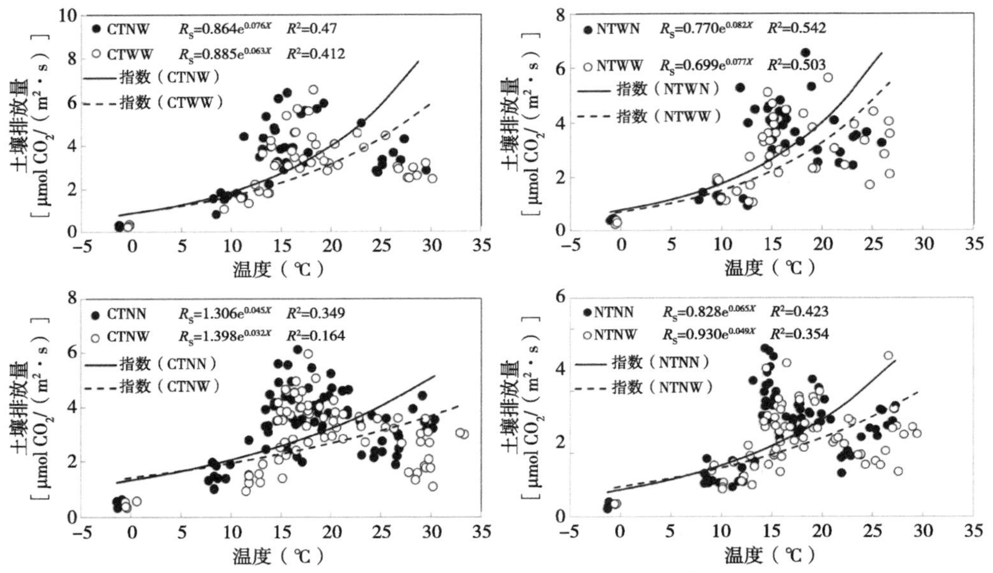

图4-4　增温对不同耕作和灌溉管理下农田土壤呼吸的影响

（实心点代表常温处理，空心点代表增温处理）

本试验中的结果与Luo等（2001）在草地生态系统进行的人工红外增温对草地土壤呼吸的研究结果相似，即在研究开始的第一年，发现增温对未刈割的草地会导致5%的土壤呼吸降低。而增温也会导致草地土壤的Q_{10}下降，即土壤呼吸的温度升高的敏感性下降。本研究中也得到了类似的结果（图4-4）。研究者认为土壤呼吸具有对气候变化的适应性，由于这种适应性使得土壤呼吸在气候变化的背景下并不会很快表现出土壤呼吸被加热后的影响。根据本试验的研究，在试验开始的第一年即2010年，增温降低了所有处理下的土壤碳排放，降低幅度为15～219 g C/（m^2·年）（表4-1）。但在2011年，增温对各处理下土壤呼吸的影响发生了变化，免耕灌溉增加和免耕常规灌溉在增温影响下土壤呼吸与未增温处理相比得到促进，增温处理使得NTWW和NTNW与NTWN和NTNN相比分别由2010年的降低变为分别增加了45 g C/（m^2·年）和7 g C/（m^2·年）。虽然翻耕处理下增温仍然导致土壤呼吸的降低，但CTWN和CTWW间由温度造成的差别也从2010年的219 g C/（m^2·年）降到了98 g C/（m^2·年）。所以本试验的结果也同样证明了农田土壤呼吸也存在着对气候变化的适应性，能够在一定程度上缓解气候变暖带来的土壤有机质加速分解的负面影响。

对于不同的耕作措施，本研究表明翻耕条件会促进土壤中的碳素排放。在研究的2010年和2011年，无论在哪种灌溉条件下，翻耕处理下碳素的排放均超过了免耕。这个结果与前人的研究结果相似（Omonode et al.，2007；Chatterjee et al.，2009）。这个结果与耕作过程中对土壤结构的破坏进而对有机质分解的促进是分不开的。而对于免耕来说，最少的土壤扰动在最大限度上保护了土壤中的有机质，使得进入免耕系统的碳素能够固持在土壤中。这也是免耕耕作措施能够固碳的原因之一。而对于灌溉的影响，本研究发现灌溉的增加有促进土壤碳素排放的趋势。仅考虑灌溉时根据表4-1，2010年和2011年两年相对应处理的试验结果均出现增加灌溉的处理的年碳排放量与常规灌溉相比要更高，仅有2010年CTWW与CTWN（834 VS. 850 g C/（m^2·年））。这个结果与Kochsiek等（2009）的结果相似，即灌溉会为农田土壤中有机质分解提供合适的水分条件，进而促进土壤的碳素排放。Kochsiek等（2009）通过3年田间试验，发现灌溉与雨养对比条件下最后在土壤中剩余的来自秸秆中的碳素量是无差异的，而在试验开始时灌溉条件下的秸秆量比雨养条件下多出30%。进而证明灌溉会加快秸秆中碳素的分解速率。

关于本试验中温度升高对土壤呼吸的影响与其他增温存在较大差异的原因，一方面是由于土壤本身的适应性造成的，另一方面也可能是由于增温方式的差异造成的。前人的试验多是对土壤的直接加热，而红外增温是对整个生态系统的加热，包括了地上的作物。温度不是土壤呼吸唯一的影响因素，作物根系和土壤水分都会对其造成影响。所以，也有研究认为开放式的增温更能模拟气候变暖对生态系统的影响（Aronson and McNulty，2009）。

4.4.2 增温与土壤异氧呼吸

本研究异养呼吸的测定是在插入农田土壤40 cm的不锈钢管中进行的。由于农作物，特别是在灌溉地区，主要根系通常在耕层以上，即0～15 cm，故该深度可以避开主要的根系，排除根系呼吸来进行土壤的异养呼吸排放测定。但在试验开始的前两个月，异养呼吸的强度要超过土壤呼吸。这个结果可能是由于土壤中残余的秸秆分解造成的（Zhou et al.，2007）。Zhou等（2007）在草地生态系统利用向土壤中插入70 cm深的PVC管来排除根呼吸的方法来进行土壤呼吸中异养呼吸的测定时，也发现在试验开始的前5个月左右，土壤异养呼吸的强度超过了土壤呼吸，甚至到达了土壤呼吸的两倍。研究人员将这种现象出现的原因解释为土壤中残留根系的分解导致。在本试验进入2011年后，异养呼吸占土壤呼吸的百分比与2010年相比下降，各处理平均约为69.6%。这个结果与前人的很多结果接近：如Hanson等（2000）对非森林生态系统的研究结果认为该百分比为63%；Zhou等（2007）经过4年草地研究后发现草地生态系统异养呼吸对土壤呼吸的贡献百分比为66%；Subke等（2006）发现温带草地为67%；根据张雪松等（2009）对灌溉农田小麦季土壤异养呼吸的观测，认为该百分比约为44%；而根据Raich和Tufekcioglu（2000）的统计分析，草地和农田生态系统中的该百分比在60%～88%的范围内，会随着植物的生长和环境发生变化。

利用向土壤中插设管桶来分离土壤呼吸组分的方法，目前使用的不多，还存在其自身的不足（Zhou et al.，2007；张雪松等，2009）。以本研究为例：首先通常认为，小麦（Stamp et al.，2004）和玉米(Kuchenbuch et al.，2009）的主根系均在0～30 cm，30 cm以下根系很稀少，特别是在灌溉水分充足的农田。但不能否认在40 cm（本试验中不锈钢管插入土壤深度为40 cm）以下，仍有少量的根系存在，并将其CO_2的排放混入土壤异养呼吸中。不过通常认为深土层的CO_2排放与表土层相比是非常小的（Davidson et al.，2006）；其次，部分试验前在土壤深处根系的缓慢分解会在一段时间内夸大土壤异养呼吸对土壤呼吸的贡献度。在本试验开始的2010年6—7月，土壤异养呼吸的强度通常超过土壤呼吸，这种现象在其他研究中也有所发现（Zhou et al.，2007）。最后，利用该方法模拟仅仅缺少根系呼吸的土壤异养呼吸，会由于排除根系的同时导致土壤中来自根系分泌物的有机质的投入。这会在一定程度上降低该组分的土壤呼吸。如果长时间地进行该试验，可能会出现土壤异养呼吸持续降低的现象。Zhou等（2007）在利用70 cm长的PVC管进行土壤异养呼吸研究时，发现在4年的研究过程中，土壤呼吸中异养呼吸的比例在持续下降，可能和土柱内土壤有机质的投入减少有关；另外，管桶的插入可能对土柱内水分、热传导（本试验中采用不锈钢管，对于热传导影响远小于PVC管）以及其他微环境的影响目前还没有研究，但均可能影响土壤异养呼吸的估测（张雪松等，2009）。

4.5　本章小结

通过两年在灌溉农田进行的不同耕作、灌溉和增温对农田生态系统碳的研究，得到以下初步结论：

土壤呼吸对于增温有其适应性，Q_{10}低于未增温处理。在试验的第一年增温降低了土壤呼吸，而随着试验的进行，增温与土壤呼吸的负相关关系随着在第二年的试验中变弱，增温在翻耕处理下出现增加土壤碳素排放的现象。土壤呼吸也受到作物生长、耕作和灌溉的影响。作物营养生长期的土壤呼吸强度高于生殖生长期；而耕作和灌溉均促进土壤呼吸。异养呼吸对土壤呼吸的贡献度在研究的两年中平均约为74.1%，但随着研究时间的延长而降低。

第5章

增温对农田生态系统碳排放的影响

5.1 引言

基于植物的光合作用和呼吸作用对温度的敏感性不一致（Ryan，1991），近年来针对生态系统碳循环对气候变暖的响应的研究中，关于释放过程和吸收哪一个对于温度升高更为敏感出现了很多的争议（Illeris et al.，2004；Corradi et al.，2005；Oberbauer et al.，2007）。相对来说，释放过程更加敏感，则会造成NEE减小的趋势；反之则NEE会增加。虽然碳素的循环过程通常与温度变化之间是正相关关系，但对于农田来说，水分或病虫害等生物及非生物因子的调节均会影响碳素的循环。在我国北方草原的研究中发现（Niu et al.，2008），水分的有效性对于草地生态系统碳素循环对气候变化响应过程中的调节起到主导作用。对于农田生态系统，与草地生态系统相比，水分状况更充足，特别是在灌溉地区。那么是否在农田同样存在类似的情况？农田生态系统碳素循环对于水分和温度升高的敏感性如何？弄清楚以上问题对于合理预测农田生态系统在气候变暖背景下对陆地生态系统碳循环和对于农田的用水指导有着重要的意义。

5.2 材料与方法

详见第2章

5.3 结果与分析

根据图5-1，从小麦拔节到成熟时期内的NEE、ER和GEP随着温度和作物生长而发生变化。随着作物的生长，增温与常温相比对小麦GEP、

ER和NEE的影响会发生变化，具体表现为从3月底到4月底，不同处理下增温与常温相比，增温会增加ER和GEP，对于NEE影响也表现为增加；但从4月底到5月底，增温与常温间的关系发生了逆转。在2010年和2011年，农田生态系统的碳素吸收量始终大于碳素的释放量，即NEE始终为负值，在两年的观测季内农田为碳汇，最大值出现在4月底。GEP在4月底达到最大值而ER随着温度的上升而逐渐增加。增温对GEP和NEE不同处理下的影响在2010年和2011年相似，但对于ER在2010年，增温导致不同灌溉和耕作管理下均低于未增温处理；而在2011年，只有在常规灌溉免耕（NTWN VS. NTNN）在增温条件下仍然低于未增温处理，其他各处理下均为增温增强了ER。

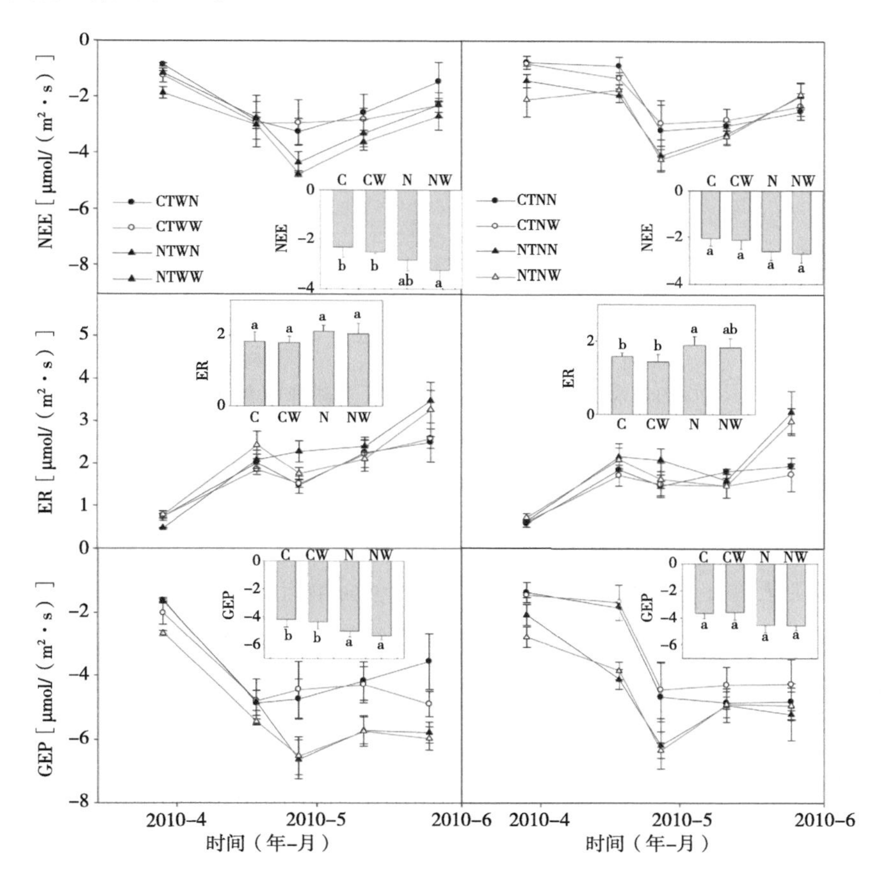

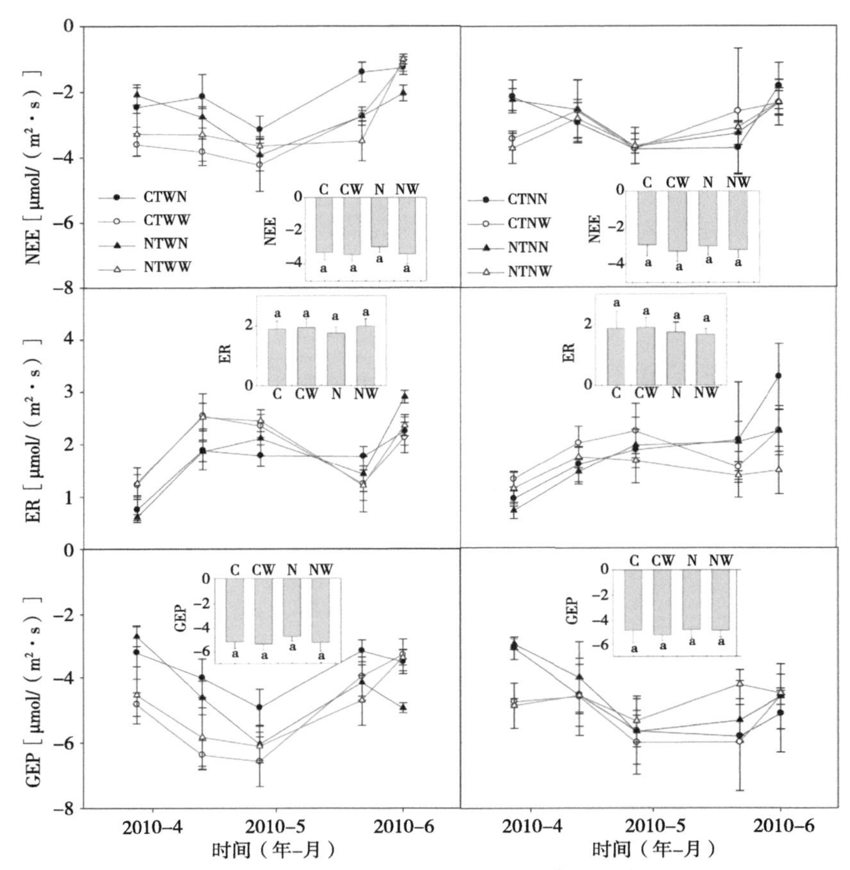

图5-1　2010年和2011年温度、水分以及耕作措施处理下NEE、ER和GEP的季节动态情况。小图为季节的平均值

如果只考虑温度的影响，在翻耕条件下，增加灌溉和常规灌溉处理下增温与未增温相比在两季平均分别增加GEP 3.80%和2.95%，NEE 6.23%和7.73%；在免耕处理下，GEP分别增加GEP 9.13%和1.00%，NEE 14.17%和5.33%。如果只考虑水分的影响，在翻耕条件下，增温和常温处理下增加灌溉与常规灌溉相比在两季平均分别增加GEP 11.10%和12.45%，NEE 12.72%和3.57%；在免耕处理下，GEP分别增加GEP 12.45%和12.84%，NEE 11.45%和12.33%。如果综合考虑温度和水分的影响，对于翻耕（CTWW VS. CTNN），增温和增加灌溉分别平均增加GEP和NEE 15.33%和19.77%；对于免耕（NTWW VS. NTNN），增温和增加灌溉分别平均增加GEP和NEE 13.96%和18.23%。

5.4 讨论

增温能够对自然生态系统内碳素的吸收和释放产生影响，一方面通过直接地激发植物生长来促进碳素的吸收（Welker et al.，2004；Wan et al.，2005；Niu et al.，2008），另一方面会间接地促进氮素的矿化来增加碳素的释放（Melillo et al.，2002；Wan et al.，2005）。Rustad等（2001）在对陆地生态系统增温试验结果进行统计分析后发现，增温会激发促进20%的土壤呼吸和增加植物19%的生产力。但同时，增温对于碳素的吸收或释放也不是必需的因素，同样受到环境因素的制约，特别是土壤水分的缺失（Wan et al.，2007；Niu et al.，2008）。根据Niu等（2008）在草地生态系统的研究发现，增温会降低GEP同时增加ER，进而降低NEE。研究人员认为这个结果就是由于增温对于土壤水分的负面影响，而水分的不足造成了叶片气孔导度的下降进而降低了光合作用效率造成的。这都说明了水分在调节生态系统碳循环对气候变化响应时的重要作用。本试验中增温对翻耕和免耕分别平均降低了0.9%和3.8%（V/V，%）的土壤含水量，即免耕的保水能力强于翻耕，这是由于免耕无翻土和地面秸秆覆盖减少了土壤水分蒸散发造成的。在单纯考虑水分影响时，翻耕和免耕相比，不增加灌溉会降低GEP和NEE，而免耕差异不大。说明在温度升高的条件下，增加灌溉会促进翻耕处理下农田碳素的吸收。这也证明了温度并不是生态系统中碳素的吸收和释放的决定性因素（Wan et al.，2005）。与草地生态系统中，同时增温和增水对NEE的正面影响不及单独增水的结果（Niu et al.，2008），本试验中温度和灌溉同时增加，对于GEP和NEE的影响均大于单独因素的影响。对于这个原因，可能是由于不同生态系统中水分的供需关系不同。灌溉农田常规灌溉和增加灌溉在增温的条件下，水分平均只下降了2.35%。对于作物正常生长的影响是很有限的，所以对碳素的循环影响也不及草地生态系统明显。

在小麦生长的初期（3—4月），由于增温加速了小麦的生长，使得增温处理下小麦的LAI提高（Tao et al.，2012）。LAI的提高增加了小麦碳素交换的场所，也使得ER和GEP在这个时间段高于未增温处理。由于增温处理使得小麦提前进入了生殖生长期，故小麦的光合作用和ER均开始下降。这也是未增温处理在4—5月期间GEP和NEE有高于增温处理的原因。ER主要是土壤呼吸组成（也包括作物的暗呼吸，但由于暗呼吸通常是非常低的，这里不作考虑）。根据第4章的试验结果，农田土壤呼吸本身具有一定的适应性，在2010年增温对土壤呼吸的影响是负面的，但在2011年这种影响发生了变化，出现了正效应。增温对ER的影响相似，通常均是降低了土壤呼吸。Niu等（2008）研究发现增温促进了草地生态系统的ER，而Zhou等（2007）也发现经过1年左右的适应后，温度的上升会促进土壤碳素的排放，这些结果与本研究的结果相似。在本试验中增温对ER的影响经过2年的研究，并没有明显的增加，也许是由于不同的生态系统下土壤本身的适应能力不同，或是由于不同生态系统之间的差异造成，还需要更深入的研究。

5.5 本章小结

通过对农田生态系中2010年和2011年两季冬小麦碳素排放的测定，包括GEP、NEE和ER，结果表明，温度的上升通常会促进免耕和翻耕处理下小麦的光合作用和农田生态系统对碳素的吸收。增温对生态系统呼吸的影响在两年的研究中无统一规律，这也验证了土壤在温度上升条件下具有一定适应性的说法。增温对翻耕土壤水分的降低虽然没有降低GEP和NEE，但增加灌溉会提高翻耕处理下的生态系统碳固定。对于免耕，增温对其土壤水分影响很小，增加灌溉也并没有对GEP和NEE产生明显的影响。对于农田生态系统小麦来说，温度和灌溉同时增加对其碳素吸收的正面影响高于单一驱动因子，这也说明了农田生态系统的CO_2交换受到多种因子的共同调控。

第6章

增温和不同耕作方式对土壤碳氮库的影响

6.1　引言

作为地球上最大的有机碳库，土壤在1 m深处包含了约1 550 Pg的碳库，这个数量约是大气中碳库的2倍。农田具有着作为碳汇的巨大潜力（0.4～0.8 Pg/年），能够降低大气中的CO_2浓度并缓解全球的排放（Lal，2004）。由于土壤有机碳（SOC）对于土壤物理、化学以及生物特性都有着重要的影响，土壤中有机质的积累有助于土壤肥力的维持和农产品的生产。根据来自67个长期试验中的276对处理比较结果，West和Post（2002）认为当翻耕转换为免耕后，在秸秆还田的条件下SOC平均以每年（57±14）g C/（m^2·年）的速度增加。土壤的质地（Blanco-Canqui and Lal，2007；Christopher et al.，2009）和采样深度（Marchado et al.，2003；VandenBygaart et al.，2011）均能够影响不同耕作处理下SOC库的评价。有些研究者已经对免耕能够在整个土层内固持比常规耕作更多碳的结果表示了怀疑。Baker等（2007）强调忽视底土层会造成采样深度上的倾向性，因此会夸大免耕对SOC的影响。Syswerda等（2011）等对美国Corn Belt免耕和常规耕作下玉米—大豆—小麦轮作农田土壤碳库进行的研究结果发现，与常规耕作相比，免耕对SOC库的增加并没有随着土层的加深而被抵消掉。

在免耕耕作方式中，秸秆的添加对于土壤SOC的固持、土壤结构的改善、土壤水分的保持和土壤侵蚀的保护都有着重要的作用（Lal，2009）。同时秸秆也是土壤养分循环的重要参与者，秸秆移除会造成土壤养分的减少，进而影响农田的生产力和土壤的退化（Tarkalson et al.，2009）。根据秸秆的类型和养分元素的含量，每吨秸秆中含有18～62 kg

的农业主要养分元素，根据2001年全球的秸秆产量，当年秸秆中含有的养分元素相当于当年全球生产的化肥中含有总量的83%（Lal，2009）。但是，研究（Gale et al.，2000）表明秸秆的表面覆盖限制了秸秆中的碳素向土壤中转化。研究人员用含有^{14}C标记的秸秆来追踪秸秆中碳素在免耕下的运转情况，结果发现经过360天只有16%的秸秆进入土壤，其他部分主要是形成了CO_2排放到了大气当中。同时研究人员也发现在同样的耕作方式和秸秆投入量的情况下，灌溉会促进秸秆被分解而转化成CO_2排放到大气中。

与秸秆相比，农田中有机肥的使用同样会起到增加土壤肥料、改善土壤结构的作用（Jarecki et al.，2005；Mikha and Rice，2004）。Jiao等（2007）发现与单纯地施用化肥相比，化肥与有机肥配施会促进土壤中大团聚体（>2 mm）和养分元素固持力的增加和加强。Thelen等（2010）认为有机肥和化肥同时施用与只施用有机肥的系统相比会帮助免耕耕作系统减少CO_2的排放。所以有机肥与秸秆相比，同样具有促进土壤碳和养分库的作用。在免耕耕作系统下，施用有机肥来替代秸秆可能会优化秸秆的利用和保证农田的可持续性发展。

在气候变暖的背景下，土壤中有机质对温度上升的敏感性对于土壤碳库的变化有着重要的意义。作为具有巨大固碳潜力的农田，特别是将碳素更多固持在土壤表层的保护性耕作措施，土壤碳库在温度升高情况下的敏感性对农田在气候变暖背景下的固碳潜力有着重要的影响性。所以需要对这种敏感性做出评价。由于土壤中有机质的变化是缓慢的，而土壤活性有机质的变化与土壤有机质的变化有着很好的相关性（Chen et al.，2009）而且其变化更为迅速，比外界环境变化对土壤碳带来的影响更为敏感，所以在增温的短期内评价土壤有机质的变化可以通过土壤中活性有机质的变化来判断。

综上，在灌溉农田基础上，探讨不同耕作方式对碳库的影响时，需要特别考虑在深土层中的碳库，对其进行综合评价。探讨能否用有机肥替代免耕中的还田秸秆来达到固碳的效果。同时，研究增温对土壤碳库的影响，为评价变暖条件下农田生态系统碳素的循环提供参考。

6.2 材料与方法

气候变暖下土壤温度的升高对土壤表层的影响比深土层更为明显。保护性耕作与常规耕作相比在土壤表层会造成土壤有机碳的层化情况（Du et al.，2010），同时考虑到温度与有机质分解的敏感性。所以在比较气候变暖对不同耕作处理下土壤碳库影响时，需要所采用的不同耕作方式之间存在碳库分布的差异的情况。所以需要先对作为增温试验平台基础的长期保护性耕作平台的土壤有机碳库进行评价，即需要考虑2004—2009年不同耕作方式对土壤碳氮库影响，才能准确地评价气候变化对不同耕作方式下土壤碳库的影响。在对土壤碳库进行评价时，分别从6个土层（0～2.5 cm，2.5～5 cm，5～10 cm，10～20 cm，20～40 cm和40～60 cm）评价土壤容重、SOC和总N浓度、SOC和总N储量以及作物产量的变化。该长期保护性耕作平台考虑了耕作方式、秸秆利用以及施肥方式3种影响因素，共6种处理方式（免耕秸秆还田，免耕），每种处理3个重复，共18个小区，小区间随机排列（图6-1）。本章关于评价耕作方式对碳氮库影响中包括3种耕作方式，分别是免耕秸秆覆盖（NTR）、免耕秸秆移除和有机肥还田（NTRRM）以及常规耕作秸秆移除（CTRR）。

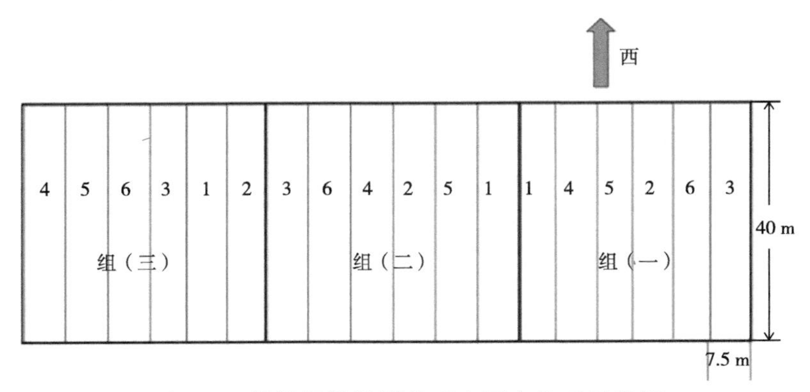

图6-1 长期保护性耕作研究平台处理示意图

注：其中数字1～6分别代表免耕秸秆还田分次施肥、免耕秸秆还田一次施肥、免耕秸秆不还田添加有机肥分次施肥、免耕秸秆不还田添加有机肥一次施肥、翻耕秸秆不还田分次施肥和翻耕秸秆不还田一次施肥，在研究耕作方式对土壤有机碳库和总氮库影响时只选取了2、4和6处理进行评价，而增温试验建立在2和6处理上

由于在增温试验中考虑灌溉的影响因素，但没有涉及施肥方式的影响，所以在增温的研究中NTWW、NTWN、NTNN和NTNW四种处理均是在NTR的基础上进行的。本章在评价增温对免耕活性碳库影响时只涉及其中的NTWW（免耕增温增加灌溉）和NTWN（免耕增温常规灌溉）处理。

6.3　结果与分析

6.3.1　土壤容重

土壤容重是评价SOC和总N储量的重要指标，它受到耕作活动的影响。本试验中，不同耕作方式下6个土层土壤容重的变化情况反映在图6-2中。结果发现三种耕作方式下，在0～2.5 cm和2.5～5 cm两个土层的波动性最强。不同处理间唯一的显著性差别出现在5～10 cm，2007—2009年，即NTRRM和NTR两种处理的土壤容重显著高于CTRR。使用95%的置信区间来反映不同处理下各土层中6年来容重平均值的波动性。结果发现土壤容重的波动性随着土层的加深而降低，在0～2.5 cm土层为0.23 g/cm^3（95%的置信区间为1.21～1.46 g/cm^3）；而在40～60 cm土层的浮动范围为0.08 g/cm^3（1.37～1.45 g/cm^3）。在上面的两个土层中浮动范围约为0.2 g/cm^3，而在深土层20～60 cm的波动幅度约为0.1 g/cm^3。这些结果说明，免耕与常规的翻耕相比会增加土壤容重，同时耕作措施只会对0～20 cm土层的容重产生影响。土壤容重的升高会限制作物的根系向深土层中生长，更多地集中在土壤表层。但由于保护性耕作地表覆盖能有效地减少棵间蒸发作用，保持土壤水分；同时在本试验的研究地区为灌溉农田，有充足的水分保障，所以根系集中在浅土层也不会影响到作物的水分吸收。但对于深土层碳库的补充却起到了负面的影响，因为作物根系是土壤深土层碳库的主要来源。Unger和Jones（1998）经过12年对免耕的研究也类似地发现在整个65 cm土层，免耕与常规翻耕相比只在4～10 cm增加了土壤容重。在本研究中，之所以差别只出现在5～10 cm土层，原因可能是CTRR翻耕深度在15 cm左右，翻耕会使土壤容重下降。而播种后会对土地进行压实，导致了表土层容重的升高。所以在不同耕作处理下，土壤0～5 cm的容重无显著差别。

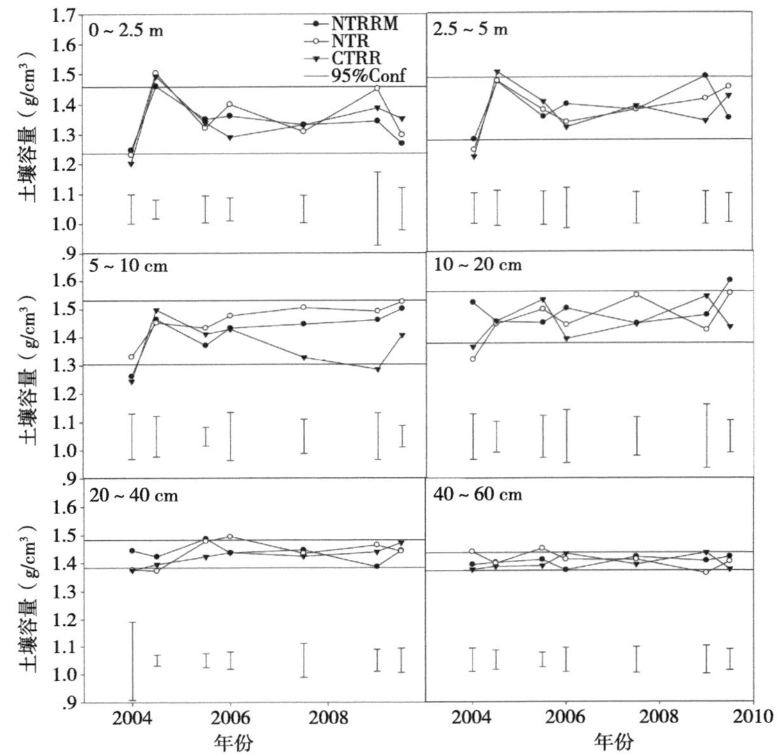

图6-2　三种耕作方式下，2004—2009年间6个土层土壤容重的变化情况

注：其中图下方的线段代表相同时间不同处理间的标准误差，图中上下横线界代表95%的置信区间

6.3.2　土壤有机碳和总氮浓度

用线性回归方法对6个土层2004—2009年逐年SOC浓度进行了分析（图6-3）。结果表明，各处理下0 ~ 2.5 cm，2.5 ~ 5 cm和5 ~ 10 cm三个土层的SOC浓度随着时间的延长明显增加。在0 ~ 2.5 cm土层，NTRRM和NTR的增加速度比CTRR快。但随着土层的加深，NTRRM和NTR处理下SOC浓度的增加速度明显下降，在2.5 ~ 5 cm和5 ~ 10 cm土层NTRRM的SOC浓度增加速度分别是0.69和0.19 g/（kg · 年），NTR处理下速度分别是0.58和0.14 g/（kg · 年）。但CTRR处理没有表现出这种情况，这也导致在5 ~ 10 cm土层三种耕作方式对于SOC浓度的影响无明显差别。

与表土层不同，在深土层中（10～20 cm、20～40 cm和40～60 cm）NTRRM和NTR处理下的SOC浓度变化趋势表现出不变或下降的趋势。与之相反，CTRR则表现出统一的显著增加趋势。特别是在40～60 cm土层，CTRR在2009年采样中得到了显著高于NTRRM和NTR处理下SOC浓度的情况。三种耕作方式下SOC浓度的变化均表现出随土层的加深增加速率降低的特点。

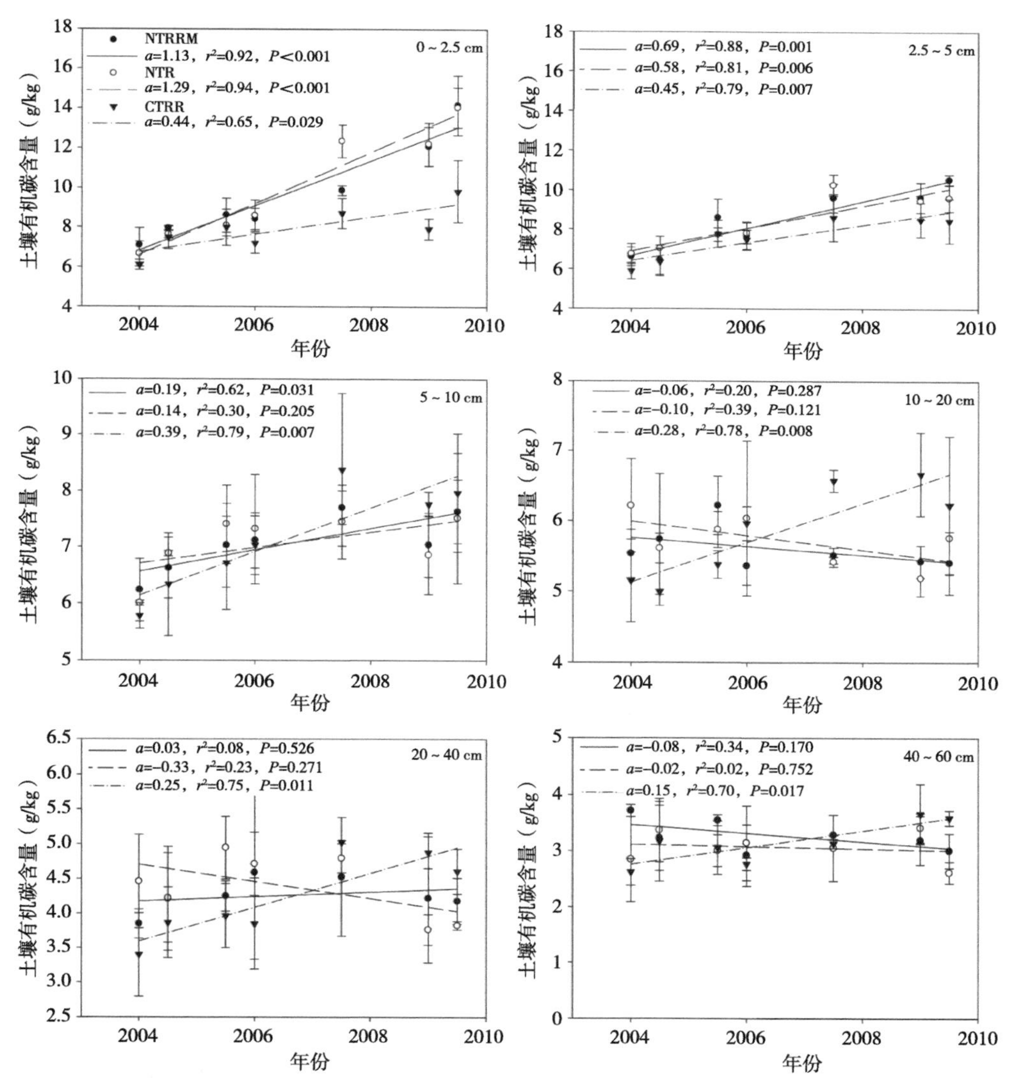

图6-3　三种耕作方式下6个土层2004—2009年逐年SOC浓度及其变化的线性回归分析

与耕作方式对各土层SOC浓度的影响相似，随着试验时间的延长，土壤中总N的浓度在0～10 cm土层中持续增加。各处理间的差别主要出现在0～2.5 cm，即免耕处理下的两种耕作模式（NTR和NTRRM）与常规耕作相比含有明显多（P<0.05）的土壤总N含量。在0～10 cm，各处理总N浓度的变化虽然为增加，但增加的幅度随着土层的加深而减缓。但是在10～60 cm的深土层，各处理的总N浓度没有表现出随时间变化的明显趋势（图6-4）。

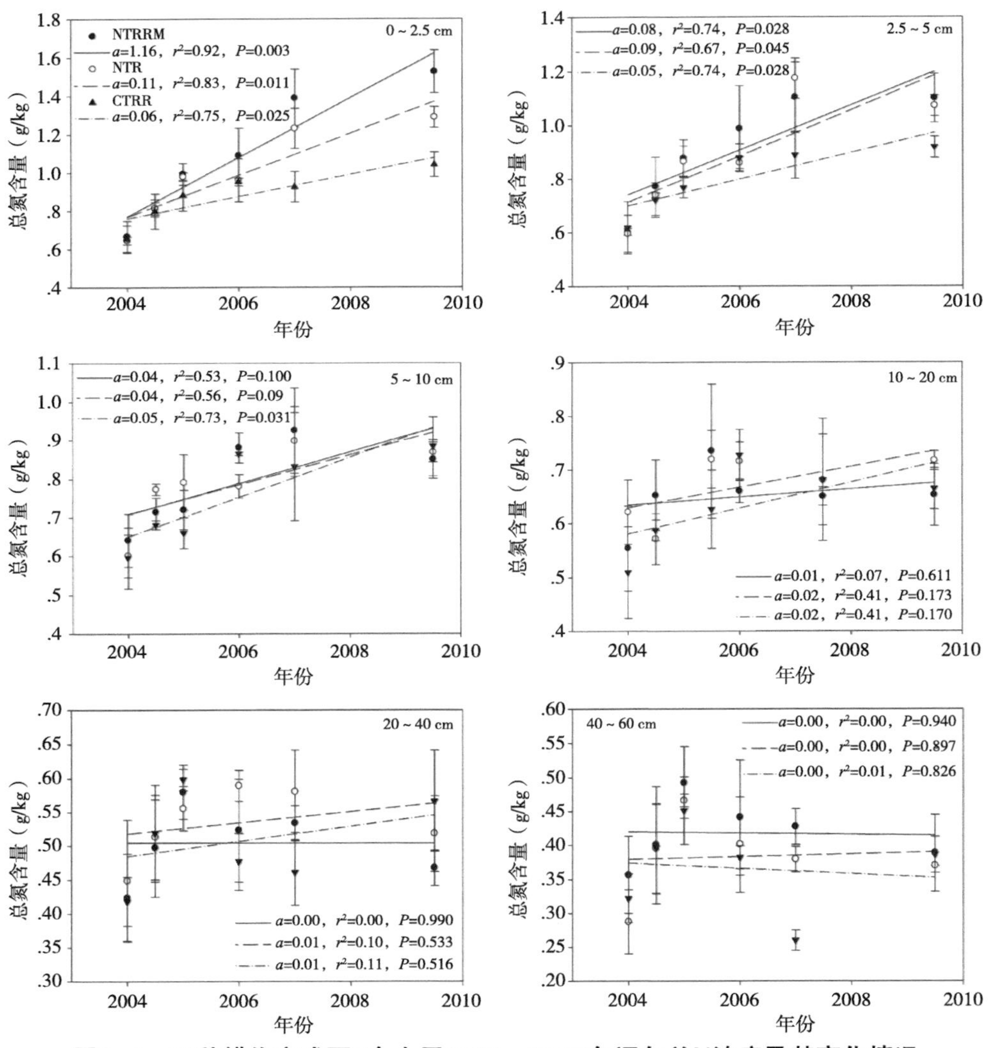

图6-4　三种耕作方式下6个土层2004—2009年逐年总N浓度及其变化情况

6.3.3　土壤C/N

土壤碳氮比是评价土壤肥料的重要指标之一，反映了土壤中碳素和氮素的供应情况。根据表6-1的结果可知，在2009年NTRRM和NTR处理下的碳氮比随着土层的加深而降低，而CTRR没有发现类似情况。在40～60 cm土层，出现了CTRR显著高于NTRRM和NTR处理的情况。在2004—2009年的年均变化方面，除0～2.5 cm土层NTR处理下的碳氮比为正值外，NTRRM和NTR处理下各土层的碳氮比均表现出一致下降的趋势。这说明对于NTRRM和NTR处理来说，土壤中碳素的供给量相对于氮素的供应来说逐年下降，这会在一定程度上限制土壤中微生物的活性，进而影响土壤的肥力和植物对养分元素的吸收。与Wright等（2007）的研究结果相反，他们的研究发现经过多年的保护性耕作后，免耕的C/N会显著高于翻耕。这可能是由于不同的灌溉条件和耕作管理过程造成的结果。目前关于C/N随时间变化的趋势还不是很明显，我们认为随着耕作管理措施的延续会有更加清晰的结果被发现。

6.3.4　土壤有机碳与总氮库

土壤中SOC和总N库在不同的耕作管理下，根据碳素和氮素的投入和输出处于一个动态的平衡过程。多年的结果可以客观反映它们变化的趋势。在计算SOC和总N库的时候，由于不同耕作体系同样厚度土层的容重不同，即土壤的含量不同，这样的计算可能会给SOC和总N库评价方面带来偏差。为了更加准确地评价SOC和总N库在各土层受到耕作方式的影响情况，使用等质量法进行评价（表6-2）。结果发现NTRRM和NTR两种处理在0～10 cm的三个土层，CTRR在整个0～60 cm土层中表现出SOC库增加的情况。但在10 cm以下的，NTRRM和NTR表现出SOC库不变甚至损失的情况，虽然这种变化的趋势不是非常明显。NTRRM和NTR只在0～2.5 cm土层含有比CTRR处理显著多的SOC库；而在40～60 cm土层，CTRR含有明显多的SOC库。对于NTRRM和NTR处理来说，两者的SOC库在各土层均无显著差别。

表6-1　三种耕作方式下各土层2009年土壤碳氮比以及在2004—2009年的变化情况

深度（cm）	2009年10月碳氮比			2004—2009年的碳氮比平均变化率		
	NTRRM	NTR	CTRR	NTRRM	NTR	CTRR
0～2.5	9.26(0.46)a	10.90(0.78)a	9.45.(1.42)a	−0.23(r^2=0.17，P=0.42)	−0.26(r^2=0.36，P=0.20)	−0.02(r^2=0.0.2，P=0.79)
2.5～5	9.60(0.56)a	8.96(0.53)a	9.17(0.87)a	−0.09(r^2=0.0.3，P=0.76)	−0.27(r^2=0.36，P=0.21)	−0.02(r^2=0.01，P=0.85)
5～10	8.97(0.16)a	8.65(1.29)a	8.99(0.55)a	−0.17(r^2=0.33，P=0.22)	−0.21(r^2=0.43，P=0.16)	−0.09(r^2=0.07，P=0.60)
10～20	8.28(0.06)ab	8.03(0.52)b	9.33(0.92)a	−0.26(r^2=0.50，P=0.11)	−0.29(r^2=0.59，P=0.07)	−0.16(r^2=0.54，P=0.10)
20～40	8.96(0.85)a	7.45(0.92)a	8.18(0.52)a	−0.10(r^2=0.07，P=0.62)	−0.31(r^2=0.45，P=0.16)	−0.04(r^2=0.00，P=0.90)
40～60	7.77(0.38)b	7.07(0.52)	9.33(0.98)a	−0.15(r^2=0.06，P=0.64)	−0.81(r^2=0.54，P=0.10)	−0.50(r^2=0.16，P=0.43)
0～60	8.64(0.41)a	8.06(0.47)a	8.91(0.60)a	−0.15(r^2=0.20，P=0.37)	−0.33(r^2=0.57，P=0.08)	−0.08(r^2=0.03，P=0.72)

表中的值为平均值（n=3），括号中为标准差；每一行中，不同的字母表示在同一土壤深度下的显著差异（P<0.05）。

表6-2 2009年三种耕作处理下各土层土壤中SOC和总N储量及其在2004—2009年阶段年均变化的速率

深度（cm）	2009年10月土壤有机碳库［Mg/(hm^2·年)］			2004—2009年的土壤有机碳变化率［Mg/(hm^2·年)］		
	NTRRM	NTR	CTRR	NTRRM	NTR	CTRR
0～2.5	5.00(0.53)a	4.96(0.35)a	3.47(0.55)b	0.40(r^2=0.92，P<0.001)	0.46(r^2=0.94，P<0.001)	0.16(r^2=0.65，P=0.03)
2.5～5	3.82(0.09)a	3.49(0.25)ab	3.07(0.41)b	0.25(r^2=0.88，P=0.001)	0.21(r^2=0.81，P=0.006)	0.16(r^2=0.80，P=0.007)
5～10	5.83(0.44)a	5.74(0.89)a	6.08(0.80)a	0.14(r^2=0.61，P=0.03)	0.10(r^2=0.30，P=0.20)	0.30(r^2=0.79，P=0.007)
10～20	8.62(0.71)a	9.19(0.81)a	9.93(1.57)a	−0.10(r^2=0.20，P=0.31)	−0.16(r^2=0.39，P=0.13)	0.45(r^2=0.78，P=0.008)
20～40	12.71(1.01)ab	11.63(0.19)b	14.01(0.98)a	0.10(r^2=0.08，P=0.53)	−0.37(r^2=0.32，P=0.18)	0.75(r^2=0.75，P=0.01)
40～60	8.65(0.88)b	7.53(0.56)b	10.33(0.38)a	−0.13(r^2=0.21，P=0.30)	0.04(r^2=0.02，P=0.79)	0.43(r^2=0.70，P=0.02)
	2009年10月土壤总氮储量［Mg/(hm^2·年)］			2004—2009年的总氮变化率［Mg/(hm^2·年)］		
0～2.5	0.54(0.04)a	0.46(0.02)b	0.37(0.02)c	0.06(r^2=0.96，P<0.001)	0.04(r^2=0.90，P=0.003)	0.02(r^2=0.92，P=0.02)
2.5～5	0.40(0.03)a	0.39(0.01)a	0.33(0.01)b	0.03(r^2=0.80，P=0.02)	0.03(r^2=0.77，P=0.02)	0.02(r^2=0.77，P=0.02)
5～10	0.65(0.04)a	0.66(0.02)a	0.67(0.06)a	0.03(r^2=0.45，P=0.14)	0.03(r^2=0.03，P=0.05)	0.03(r^2=0.03，P=0.05)
10～20	1.04(0.09)a	1.14(0.03)a	1.06(0.06)a	0.01(r^2=0.07，P=0.61)	0.03(r^2=0.41，P=0.17)	0.04(r^2=0.41，P=0.17)
20～40	1.42(0.08)a	1.57(0.17)a	1.72(0.23)a	0.00(r^2=0.00，P=0.87)	0.03(r^2=0.15，P=0.45)	0.04(r^2=0.13，P=0.47)
40～60	1.12(0.16)a	1.07(0.00)a	1.11(0.08)a	0.00(r^2=0.00，P=0.93)	0.01(r^2=0.02，P=0.80)	−0.01(r^2=0.02，P=0.80)

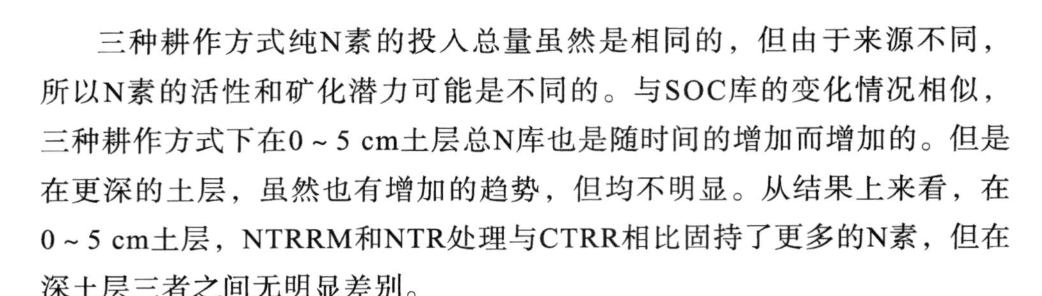

三种耕作方式纯N素的投入总量虽然是相同的，但由于来源不同，所以N素的活性和矿化潜力可能是不同的。与SOC库的变化情况相似，三种耕作方式下在0 ~ 5 cm土层总N库也是随时间的增加而增加的。但是在更深的土层，虽然也有增加的趋势，但均不明显。从结果上来看，在0 ~ 5 cm土层，NTRRM和NTR处理与CTRR相比固持了更多的N素，但在深土层三者之间无明显差别。

6.3.5　增温对土壤活性有机碳库的影响

土壤有机质的测定对于评价土壤质量是非常重要的，但不同处理下土壤有机质的变化速率相对于土壤中的一些活性有机质来说是缓慢的（Sparling et al.，1998），所以使用活性有机质指标可以更灵敏、更准确、更实际地反映土壤肥力和物理性质的改变，综合评价耕作方式对于土壤质量的影响（王清奎等，2005）。目前对土壤中活性有机质的研究越来越广泛，土壤活性有机质的指标包括溶解性有机碳（dissolved organic carbon）和微生物生物量碳（microbial biomass carbon）。在农业用地中，微生物生物量的含量尽管只占到土壤中总有机碳含量的0.3% ~ 4%（Wardle，1992），但它是土壤中最活跃的有机组分之一，对于进入土壤的新鲜有机物质和原有有机质的降解和矿化，植物所需的养分元素（N、P、K）等的循环释放、积累和养分的有效性都有着重要的作用。在根据Gregorich等（1994）的报告，微生物生物量可作为土壤有机质质量的评判属性。因为它提供了一个土壤储存和循环养分和能量能力的示值。同时对于有机质的变化，它还是一个敏感的指标，因为微生物生物量是有机质和作物养分转化和循环的媒介，是活性碳部分的源（矿化过程）和库（固定过程），所以微生物生物量可以反映出有机质和作物养分的变化情况。其中微生物生物量碳占总有机碳比率的变化，可以用来监控有机质在农业系统中的变化。原因是土地的利用变化会直接影响微生物的数量。根据Poll等（2008）的报告，硫酸钾浸提的溶解性有机碳（DOC-K_2SO_4），可以作为溶解性有机碳（DOC）来使用。

本研究中，在2011年3月26日即加热试验开始一年后，对免耕常规灌溉处理下的土壤进行了活性有机碳的分析。结果发现增温处理下土壤中的DOC-K_2SO_4比未增温处理下的在0 ~ 5 cm和5 ~ 15 cm分别提高了10.2%和18.5%。而0 ~ 5 cm土层中的DOC-K_2SO_4含量也高于5 ~ 15 cm土层。以不增温为例，两土层的DOC-K_2SO_4含量分别为（310.6 ± 20.4）mg/kg和（245.3 ± 41.0）mg/kg（图6-5）。

土壤中的微生物生物量控制了所有土壤有机质的转变，也是土壤活性有机质库的主要组成部分。微生物生物量碳（MBC）可以在不同土地管理措施在对SOC产生明显的影响前检测出土壤中碳库的变化（Bolinder et al., 1999）。根据图6-5，与DOC-K_2SO_4的差异相似，增温同样提高了免耕常规灌溉处理下土壤中MBC的浓度。在0 ~ 5 cm和5 ~ 15 cm分别提高了16.7%（544.5 VS 466.6 Mg C/kg土壤和34.1%（428.9 VS 319.9 Mg C/kg土壤。

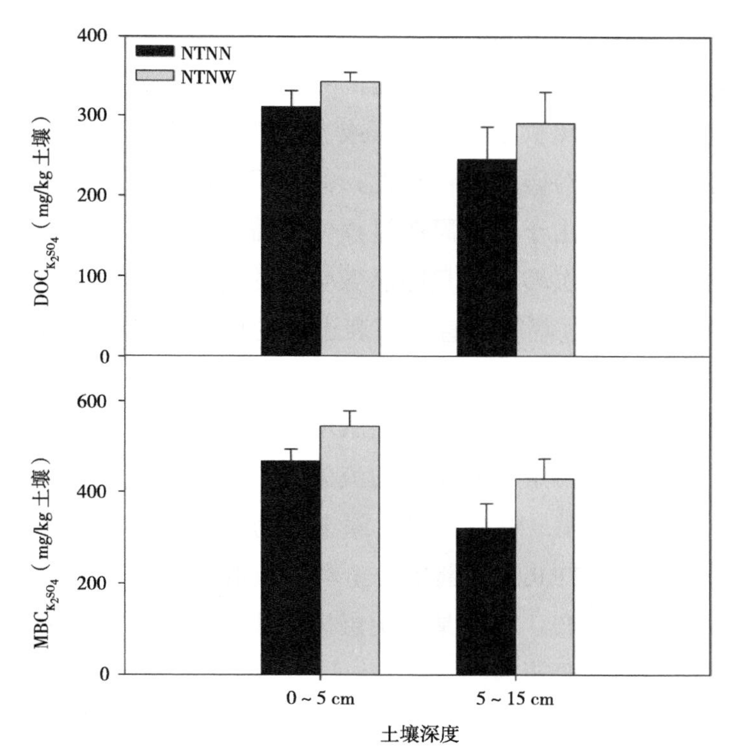

图6-5　一年增温对增加灌溉的免耕处理下不同土层中溶解性有机碳和微生物生物量碳的影响

6.4 讨论

6.4.1 耕作方式与土壤有机碳

为了进一步找到耕作方式对农田SOC和总N库影响的规律，将0～60 cm土层分为0～5 cm和5～60 cm两部分来研究，结果如表6-3。由表可知，免耕无论是否有秸秆覆盖，2004—2009年在0～5 cm土层形成了对SOC和总N库的积累。而CTRR的积累情况表现在整个0～60 cm土层。在0～5 cm土层，NTRRM和NTR处理与CTRR相比含有更多的SOC和总N储量；而在5～60 cm土层CTRR的储量更高。特别是在5～60 cm土层，NTRRM的SOC库年均变化几乎为0（0.01 Mg/hm^2），NTR处理下的SOC库甚至出现了减少的情况（-0.40 Mg/hm^2）。对于0～60 cm土层来说，CTRR处理下的年均增加量达到了2.24 Mg/hm^2，而NTRRM和NTR分别只有0.66 Mg/hm^2和0.27 Mg/hm^2。

在不同的耕作方式下，SOC库变化的原因是投入和产出带来的新的平衡过程。通常来说，免耕处理下秸秆或有机肥还田有固碳潜力是因为：①耕作会破坏土壤本身对碳库的保护性；②由于土壤的扰动，促进了土壤中有机质的分解。但是由于没有翻耕过程，覆盖在表层土层的秸秆和有机肥无法直接向更深的土层转移，只能靠微生物的腐解过程向土壤深层进行传递。而CTRR处理通过翻耕，直接把表土层的根等有机物向深土层运移，也就为CTRR处理在10～20 cm土层碳素的固持提供了保证。另一方面从深土层碳素的平衡来看，影响深土层SOC库的因素主要是植物的根、有机质分解者的分解以及溶解性有机碳的流失这三部分。首先，土层容重较高的NTRRM和NTR处理，限制了根向深土层的延伸，从而减少了深土层中作物根的分布；而CTRR由于翻耕松土利于根的向下生长，于是增加了作物根在更深土层的分布。其次是深土层微生物对有机质的分解，这也是深土层SOC库损失的主要原因。

Christopher等（2009）也报道了相似的结果，他们发现美国有些地区在常规耕作转变为免耕后，免耕处理下0～60 cm土层固持的碳素要明显少于常规翻耕。研究人员认为时间是一个主要的限制因素。根据Six

表6-3　三种处理下0～5 cm和5～60 cm土层SOC和总N库在2009年以及2004—2009年的年均变化情况

深度	处理	2009年10月土壤有机碳库（Mg/hm²）	2004—2009年的土壤有机碳平均变化率［Mg/（hm²·年）］	2009年10月土壤总氮库（Mg/hm²）	2004—2009年的土壤总氮平均变化率［Mg/（hm²·年）］
0～5	NTRRM	8.82（0.60）a	0.65（r^2=0.95，P<0.001）	0.94（0.04）a	0.08（r^2=0.93，P=0.002）
	NTR	8.45（0.43）a	0.66（r^2=0.91，P<0.001）	0.84（0.02）b	0.08（r^2=0.82，P=0.01）
	CTRR	6.54（0.96）b	0.32（r^2=0.80，P=0.006）	0.70（0.05）c	0.04（r^2=0.78，P=0.02）
5～60	NTRRM	35.80（0.44）b	0.01（r^2=0.00，P=0.97）	4.23（0.26）a	0.05（r^2=0.06，P=0.63）
	NTR	34.09（1.46）b	−0.40（r^2=0.29，P=0.22）	4.45（0.19）a	0.10（r^2=0.24，P=0.33）
	CTRR	40.35（1.18）a	1.92（r^2=0.87，P=0.002）	4.57（0.25）a	0.10（r^2=0.10，P=0.54）
0～60	NTRRM	44.63（0.27）ab	0.66（r^2=0.56，P=0.05）	5.17（0.23）a	0.14（r^2=0.20，P=0.36）
	NTR	42.54（1.45）b	0.27（r^2=0.12，P=0.44）	5.29（0.21）a	0.18（r^2=0.43，P=0.16）
	CTRR	46.89（2.61）a	2.24（r^2=0.88，P=0.002）	5.27（0.25）a	0.14（r^2=0.30，P=0.25）

等（2002）的研究也发现，短期的耕作制度转换，从常规耕作到免耕，出现免耕处理后碳库不增加或减少的现象。但研究者们同时也发现，当耕作转换后时间超过6～8年，免耕在0～30 cm土层中的SOC库表现为增加的趋势。但研究者也同时发现深土层（15～30 cm）固碳的速度要比浅土层（0～15 cm）更快。免耕在土壤表层固持的SOC比翻耕更多，但在耕层以下发现这种关系逆转的研究也越来越多。Omonode等（2006）发现在30～50 cm土层翻耕比免耕处理下的SOC要显著地提高23%，但在表土层免耕固碳更多。同时两种耕作方式在0～50 cm土层的SOC库方面无显著差别。这个结果与本试验结果相似。耕作使得作物的秸秆（包括浅土层的根系和作物秸秆）与较深层土壤相结合，而秸秆在较深土层可以被矿化并固持成为土壤有机质。

到底是哪些关键因素决定了深土层中的SOC库呢？首先是地下的生物起到了重要的作用。Kong等（2010）通过同位素示踪法发现超过50%的来自根系的碳仍然留在土壤中；而只有4%的来自秸秆的碳进入土壤中。很多研究者（Ball-Coelho et al.，1998；Qin et al.，2005）发现了免耕处理下作物在土壤表层的根系密度更大。这种玉米和小麦根系分布上的差别能够造成不同土壤深度上碳素分布的不同（Baker et al.，2007）。Wu等（2008）研究了两块长期的（分别是1955年和1990年）位于美国加州的灌溉农田。他们发现长期的灌溉会明显增加深土层（25～60 cm）的SOC库，而原因就是根系的分布造成的。在本试验中，虽然NTR和NTRRM两种处理下表土层由秸秆覆盖，但是由于缺少和较深土层土壤的结合，使其不能很好地对底土层SOM的分解进行补充。

6.4.2 有机肥的替代作用

有机肥作为养分在免耕处理中施用能够增加土壤碳库。在本试验中，整个土壤剖面（0～60 cm），三种耕作管理方式积累总N的速率相似。这也意味着有机肥和化肥配施可以替代NTR下的秸秆覆盖。而有机肥的施用量约为每年4 t，却能够替代每年10 t的秸秆补充给土壤的养分元素。并且在多年的产量方面，并没有形成负面的影响。在很多方面都可以更加合理有效地使用秸秆：畜牧饲喂、生物质能源生产，土壤侵蚀防治（Lal，2009）以及农业的可持续性发展。目前关于一年两季作物农田秸秆的利用也存在着争议：一种观点认为可以把双季作物地区的秸秆拿出来投入生物质能源的生产；而另一种观点则认为秸秆移除会造成土壤的侵蚀和退化（Lal and Pimentel，2009；Tilman et al.，2009）。本研究结果同时也为该争议提供了一种潜在的解决方案：对于双季作物地区，如果土壤侵蚀不足的话，可以考虑使用有机肥来替代秸秆。但这种尝试还需要更多的时间来验证长期的有机肥处理对于农田产量的影响。

所以，在该试验地区进行保护性耕作，对土壤碳库的影响更为明显。与常规耕作相比，保护性耕作对于底土层碳库的增加受到了限制。这种限制的主要原因是浅土层（5 ~ 10 cm）土壤容重的增加导致作物根系伸长受限，进而减少了根对底土层碳素投入。但耕作制度是长期的，同时土壤中碳氮库的变化也是随着投入和输出的变化而不断发生变化的。国外的研究认为，长期的保护性耕作对整个土壤剖面的碳库会起到正效应，在该地区验证该结果还需要更长时间的保护性耕作研究。

6.4.3　耕作方式与作物产量

三种耕作对SOC和总N库的影响，将会对土壤的肥力产生相应的影响，这些对作物的产量和生物量有着重要的意义。通过图6-6可以发现，对于小麦来说，CTRR与NTRRM和NTR相比有增加作物产量和地上部生物量的趋势，而且这种趋势随着耕作处理时间的延长而变得更加明显；对于玉米来说，三者在产量和地上部生物量方面均无明显差别。根据这个结果，本研究认为在黄淮海地区免耕耕作方式采用7年左右，与常规的翻耕相比对作物的产量影响表现为小麦产量的下降趋势，但这种影响不显著。

6.4.4　增温与土壤活性有机碳

土壤有机质不同组分碳对气候变暖的响应对于我们弄清楚气候变暖对土壤有机质分解有着重要的意义（Davidsion，2006）。在本研究中，增温对土壤中活性碳库（DOC和MBC）均能够有效地提高。这个结果与前人的报道

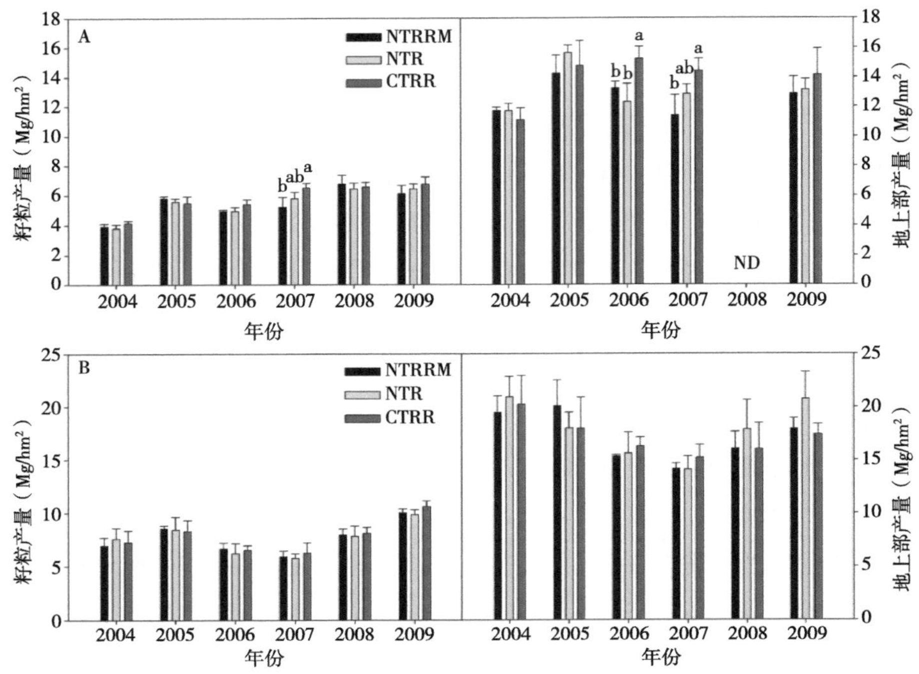

图6-6　不同耕作方式对作物产量和地上部生物量的影响

注：A图代表小麦，B图代表玉米；不同的字母代表显著性差异

认为增温会促进土壤中活性有机质的分解从而增强土壤呼吸和促进土壤有机质分解相矛盾（Niinisto et al.，2004）。同时也有研究认为增温会促进土壤中的溶解性有机碳库，因为增温会促进土壤中微生物的活性和有机质的分解（Eimers et al.，2008；Harrison et al.，2008）。近年来的野外红外增温试验在草地生态系统发现了和本研究类似的结论，即温度的升高会促进土壤中溶解性碳库的增加（Belay-Tedla et al.，2009；Luo et al.，2009）。Belay-Tedla等（2009）发现经过2.5年的增温，草地土壤中的活性碳库显著地增加373 Mg C/kg 干土。对于微生物生物量碳的增加也有类似的显著性影响。而Luo等（2009）在我国海北草地生态系统的试验也发现增温会明显地提高无放牧处理下土壤0～40 cm土层的DOC。同时以上两个研究也发现土壤中溶解性有机质的增加与地上部和地下部生物量的增加有紧密的联系。作物根系及其分泌物被认为是土壤中碳库的主要输入过程（Farrar et al.，2003；Cleveland et al.，2004）。在本研究中，同样发现了增温处理会增加

小麦和玉米的地上部生物量，这些结果均与草地上的研究相一致。土壤活性有机质可以作为土壤有机质变化的敏感指标，它的增加说明农田土壤对气候变暖的响应可能表现出由于作物根系量增加而促进农田土壤中碳库的增加，这对于免耕处理下农田土壤在固持大气中的CO_2有着重要的意义。

6.5　本章小结

免耕耕作方式，无论使用秸秆覆盖或添加有机肥，与常规耕作相比都会在0 ~ 5 cm土层固持更多的SOC和总N；在10 ~ 60 cm土层，免耕处理（包括NTRRM和NTR）下土壤会出现SOC储量不变或损失的情况；而常规翻耕（CTRR）处理下的土壤，在相应土层对SOC库的影响均是正效应。即在整个0 ~ 60 cm土层，CTRR的固碳能力要显著高于NTRRM和NT。CTRR和NTRRM两种耕作方式与NTR相比，均可固持显著多的SOC，而并没有秸秆的投入。这为制定未来既考虑农田秸秆的充分利用也考虑农田肥力的可持续发展时采用合理耕作方式的决策提供了相应的理论依据。增温会增加免耕处理下0 ~ 5 cm和5 ~ 15 cm土层中溶解性有机碳（DOC-K_2SO_4）和微生物生物量碳（MBC）的浓度。但对于整个土壤碳库的影响目前还不确定。

以上结果有助于更加深入地理解和评价不同耕作方式对华北平原SOC和总N库，特别是深土层SOC库的影响。但是未来需要更加深入的研究，比如评价微生物分解群体对SOC损失的作用和在该地区秸秆利用率低下的原因。同样随着增温试验时间的延长，以及对碳库中不同组分变化的分析，能够进而更加准确地对增温带来的土壤碳组分变化进行评价。

第7章

结论与展望

7.1 主要结论

本研究基于在长期保护性耕作试验平台建立的控制实验，利用位于华北平原山东禹城综合试验站的气象数据和田间控制试验中得到的研究数据，对农田生态系统碳循环在气候变暖、不同耕作方式和灌溉方式背景下的响应规律和不同耕作方式对灌溉农田土壤碳氮库的影响进行了分析，得到了以下原创性的结论。

（1）不同耕作和秸秆管理方式对灌溉农田土壤碳氮库的影响和免耕土壤碳库对气候变暖的响应。从农田碳库变化的角度来看，免耕和翻耕都会促进土壤中碳素和氮素的增加。免耕耕作方式，无论使用秸秆覆盖或添加有机肥，与常规耕作相比都只在表土层增加土壤有机碳和总氮。但当考虑整个0～60 cm土层时，常规翻耕的固碳效果更加明显。特别是在20 cm以下深度，翻耕的碳素增加速度远超过免耕。在增温的背景下，免耕处理会在0～5 cm和5～15 cm土层中增加溶解性有机碳（DOC-K_2SO_4）和微生物生物量碳（MBC）的浓度。但对于整个土壤碳库的影响，目前还不确定。以上结果说明，在评价不同耕作方式对土壤碳库影响的时候，需要考虑深土层碳库的影响来避免由于采样深度带来的具有倾向性的评价。同时，在增温的背景下，免耕表土层的碳库并不会由于温度的升高而随之减少。

（2）作物产量和生育期在不同耕作处理下对温度升高的响应。经过2010年和2011年增温的研究，增温对小麦和玉米产量无明显影响，但对于地上部生物量有增加效果。相比于翻耕，增温对于免耕土壤水分的影响很小。对于小麦来说，增温缩短了小麦的整个生育期长度，但缩短的时间主要来自返青至拔节期，对各个生育阶段均有所提前。但对关键生育期如开花、灌浆期长度几乎无影响。对于玉米的影响不同，增温并没有缩短玉米的生育期，对玉米产量的影响在两年中趋势相反。这些结果说明，小麦对于温度升高具有一定的适应作用，会通过自身生育期的调节来抵消温度升高带来的影响。但产量方面穗数的减少和穗粒的增大是温度升高对小麦产量因素影响的表现。玉米由于其C_4作物的特性，具有较高的耐热特性。在其授粉期间，即使2℃的增温也并没有超过其适宜温度的上限，所以增温对玉米产量的影响并不明显。

对于农田生态系统来说，温度的升高会通过地上部生物量的增加来促进对大气中碳素的固定，有助于评价农田生态系统在碳素循环中的作用。

（3）增温、灌溉和耕作方式对土壤呼吸及其组分的影响。在两年的观测中，温度升高并没有明显促进土壤呼吸的增加。作物根系呼吸会明显地影响土壤呼吸的强度，特别是在作物的营养生长期。对于翻耕处理，增温始终是降低了土壤呼吸；但免耕处理下，温度升高在第一年和第二年对其土壤碳素的排放影响相反，在第二年增温对土壤呼吸有小幅促进作用。增温与未增温相比土壤呼吸和土壤异氧呼吸的温度敏感性（Q_{10}）的差异很小。本研究体现了土壤呼吸对温度升高的适应性，但不同耕作之间的适应性是不同的。结果说明土壤呼吸对气候变化的响应受到多种农田生态系统中的因素和机制的影响。

（4）增温、灌溉和耕作方式对农田生态系统碳素循环的影响。从生态系统角度看，温度的升高会增加农田生态系统对碳素的吸收。对农田生态系中2010年和2011年两季冬小麦碳素循环的测定结果表明，温度的上升通常会促进免耕和翻耕处理下小麦的GEP和NEE。增温对ER的影响在两年的研究中无统一规律，这也验证了土壤在温度上升条件下具有一定适应性的说法。增温对翻耕土壤水分的降低虽然没有降低GEP和NEE，但增加灌溉会提高翻耕处理下的生态系统碳固定。对于免耕，增温对其土壤水分影响很小，增加灌溉也并没有对GEP和NEE产生明显的影响。对于农田生态系统小麦来说，温度和灌溉同时增加对其碳素吸收的正面影响高于单一驱动因子，这也说明了农田生态系统的CO_2交换受到多种因子的共同调控。研究表明，保护性耕作与常规耕作相比更具有缓解气候变暖负面影响的潜力。

7.2 展望

通过农田生态尺度的研究，本研究在一年两季灌溉农田关于耕作方式对土壤碳库影响和农田生态系统碳循环对气候变暖响应方面取得了一些创新性的结果和进展。但本研究由于以野外控制试验为主，考虑到生态系统碳循环和农作物对气候变暖响应是涉及多尺度、交互作用的长期影响过程，而本研究还处于比较粗浅的研究阶段，还有无法很好解释的现象。基于本研究中存在的不足和缺陷，可以在今后的研究中进行相应的补充和完善。

（1）气候变化多因子之间的交互影响。对于农田来说，全球气候变化的多因子包括CO_2浓度增加、温度升高、降水变化等多方面的影响，研究多因子之间的交互影响有助于进一步准确预测气候变化对农田生态系统碳循环的影响。单一因子的研究结果可能不能满足人们在预测气候变化影响的需求，而逐渐失去研究意义。本试验主要关注了不同耕作模式下，温度升高、灌溉增加之间的交互影响，没有涉及其他因子，需要开展进一步的研究进行补充。

（2）对于农田土壤碳库，耕作方式对深土层碳库的影响还有待完善。深土层的碳库通常被忽视，本研究通过6年的试验发现了深土层碳库在评价总土壤碳库时的作用，但并没有有效地对造成免耕处理下土壤有机碳升高的原因给出更加明确的解释。这些问题可以从评价微生物分解群体对SOC损失的作用，以及秸秆覆盖对深土层碳库的贡献度来着手解决。

（3）气候变化的长期性和试验研究的短期性。世界范围的野外试验通常是短期的，有其局限性。土壤有机质的周转时间，特别是难分解的固持在土壤中的有机质通常需要长时间的沉积。而气候变化对于土壤有机质的分解也是长期性的，而且会通过植物根系、土壤水分和微生物活性等间接地调节。因此，需要进一步对土壤有机质的变化进行详细分析，找到不同因子对其不同组分变化的影响力。

（4）气候变化与作物。结果发现，温度的升高会促进农作物地上部生物量的增加，比如株高增加、秸秆重量增加。发现增温并没有影响小麦的生殖生长期，但对于产量的构成如穗数和穗粒重都有着明显的影响。到底气候变化对小麦产量构成的影响因素是怎样的，还需要进一步通过分析碳素在农田生态系统中的分配以及小麦自身生理特性对气候变化的响应才能得到。

（5）本研究属于创新性和尝试性的试验，目前关于生态系统对气候变暖响应的研究，可借鉴的主要是草地和森林生态系统。但农田生态系统与森林和草地生态系统不同，特别是在每年两季作物的华北地区，每年两次的播种与收获使得农田受人为因素影响较大，也就大大提高了试验的结果的不确定性，但这也是农田生态系统客观存在的现象，需要在今后的研究中得到充分的考虑。

受到研究对象、研究基础和个人精力等多方面的限制，以上几方面成为该研究的不足，也是今后进一步研究需要完善的地方。

参考文献

黄昌勇，2000. 土壤学[M]. 北京：中国农业出版社.

李安宁，范学民，吴传云，等，2006. 保护性耕作现状及发展趋势[J]. 农业机械学报，37（10）：177–181.

牛书丽，韩兴国，马克平，等，2007. 全球变暖与陆地生态系统研究中的野外增温装置[J]. 植物生态学报，31（2）：261–272.

唐晓红，邵景安，高明，等，2007. 保护性耕作对紫色水稻土团聚体组成和有机碳储量的影响[J]. 应用生态学报，18（5）：1027–1032.

王清奎，汪思龙，冯宗炜，等，2005. 土壤活性有机质及其与土壤质量的关系[J]. 生态学报[J]. 25（3）：513–519.

吴红丹，李洪文，李问盈，等，2007. 中美两国保护性耕作的管理与应用对比分析[J]. 干旱地区农业研究，25（2）：40–44.

许信旺，潘根兴，汪艳林，等，2009. 中国农田耕层土壤有机碳变化特征及控制因素[J]. 地理研究，28（3）：601–612.

张彬，郑建初，田云录，等，2010. 农田开放式夜间增温系统的设计及其在麦稻上的试验效果[J]. 作物学报，36（4）：620–628.

张海林，高旺盛，陈阜，等，2005. 保护性耕作研究现状、发展趋势及对策[J]. 中国农业大学学报，10（1）：16–20.

张雪松，申双和，谢轶嵩，等，2009. 华北地区冬麦田根呼吸对土壤总呼吸的贡献[J]. 中国农业气象，30（3）：289–296.

ANGERS D A，BOLINDER M A，CARTER M R，et al.，1997. Impact of tillage practices on organic carbon and nitrogen storage in cool，humid soils of eastern Canada[J]. Soil Till. Res.，41：191–201.

ARONSON E L，MCNULTY S G，2009. Appropriate experimental

ecosystem warming methods by ecosystem, objective, and practicality[J]. Agric. Forest Meteorol., 149: 1791−1799.

BALL−COELHO B R, ROY R C, SWANTON C J, 1998. Tillage alters corn root distribution in coarse-textured soil. Soil Till[J]. Res, 45: 237−249.

BATTS G R, MORISON J K I, ELLIS R H, et al., 1997. Effects of CO_2 and temperature on growth and yield of crops of winter wheat over four seasons[J], Developments in Crop Science, 25: 67−76.

BELAY-TEDLA A, ZHOU X, SU B, et al., 2009. Labile, recalcitrant, and microbial carbon and nitrogen pools of a tallgrass prairie soil in the US Great Plains subjected to experimental warming and clipping[J]. Soil Biol. and Biochem., 41: 110−116.

BAKER J M, OCHSNER T E, VENTEREA R T, et al., 2007. Griffis. Tillage and soil carbon sequestration: What do we really know?[J]. Agric. Ecosyst. Environ. 118: 1−5.

BESSAM F, MRABET R, 2003. Long-term changes in soil organic matter under conventional tillage and no-tillage systems in semiarid Morocco[J]. Soil Use Manage., 19: 139−143.

BLANCO-CANQUI H, LAL R, 2007. Soil structure and organic carbon relationships following 10 years of wheat straw management in no-till[J]. Soil Till. Res., 95: 240−254.

BOLINDER M A, ANGERS D A, GREGORICH E G, et al., 1999. The response of soil quality indicators to conservation management[J]. Canadian Journal of Soil Science, 79: 37−45.

CHATTERJEE A, LAL A, SHRESTHA R K, et al., 2009. Soil carbon pools of reclaimed minesoils under grass and forest landuses[J]. Land Degradation & Development, 20: 300−307.

CHEN H, HOU R, GONG Y, et al., 2009. Effects of 11 years of conservation tillage on soil organic matter fractions in wheat monoculture in Loess Plateau of China[J]. Soil Till. Res., 106: 85−94.

CHOWDHURY S, WARDLAW I, 1978. The effect of temperature on kernel development in cereals[J]. Aust. J. Agr. Res., 29: 205-223.

CHRISTOPHER, LAL R, MISHRA U, 2009. Regional study of NT effects on carbon sequestration in the Midwestern United States[J]. Soil Sci. Soc. Am. J., 73: 207-216.

CLEVELAND C C, NEFF J C, TOWNSEND A R, et al., 2004. Composition, dynamicsand fate of leached dissolved organic matter in terrestrial ecosystems: resultsfrom a decomposition experiment[J]. Ecosystems, 7: 275-285.

CORRADI C, KOLLE O, WALTER K, et al., 2005. Carbon dioxide and methane exchange of a northeast Siberian tussock tundra[J]. Glob. Change Biol., 11: 1910-1925.

CRAMER W, BONDEAU A, WOODWARD F I, et al., 2001. Global response of terrestrial ecosystem structure and function to CO_2 and climate change: Results from six dynamic global vegetation models[J]. Glob. Change Biol., 7: 357-374.

DAVIDSON E A, JANSSENS I A, 2006. Temperature sensitivity of soil carbon decomposition and feedbacks to climate change[J]. Nature, 440: 165-173.

DAVIDSON E A, SAVAGE K E, TRUMBORE S E, et al., 2006. Vertical partitioning of CO_2 production within a temperate forest soil[J]. Glob. Change Biol., 12: 944-956.

DONALD C, 1968. The breeding of crop ideotypes[J]. Euphytica, 17: 385-403.

DORREPAAL, E, et al., 2009. Carbon respiration from subsurface peat accelerated by climate warming in the subarctic[J]. Nature, 460: 616-619.

Du Z, REN T, HU C, 2010. Tillage and residue removal effects on soil carbon and nitrogen storage in the North China Plain[J]. Soil Sci. Soc. Am. J., 74: 196-202.

EDWARDS G E, BAKER N R, 1993. Can CO_2 assimilation in maize be predicted accurately from chlorophyll fl uorescence analysis[J]. Photosynth. Res., 37: 89-102.

EIMERS C M, WATMOUGH S A, BUTTLE J M, et al., 2008. Examination of the potential relationship between droughts, sulphate and dissolved organic carbon at a wetland-draining stream[J]. Glob. Change Biol., 14: 938-948.

FANG C, MITH P S, MONCRIEFF I B, et al., 2005. Similar response of labile and resistant soil organic matter pools to changes in temperature[J]. Nature, 433: 57-59.

FAO, 2003. World agriculture: towards 2015/2030. The role of technology.

FARRAR J, HAWES M, JONES D, et al., 2003. How Roots Control the flux of carbon to the rhizosphere[J]. Ecology, 84: 827-837.

FONSECA A E, WESTGATE M E, 2005. Relationship between desiccation and viability of maize pollen[J]. Field Crops Res., 94: 114-125.

GALE W J, CAMBARDELLA C A, BAILEY T B, 2000. Root-derived carbon and the formation and stabilization of aggregates[J]. Soil Sci. Soc. Am. J, 64: 201-207.

GALLAHER R N, WELDON C O, BOSWELL F C, 1976. A semiautomated procedure for total nitrogen in plant and soil samples1[J]. Soil Sci. Soc. Am. J., 40: 887-889.

GREGORICH E G, CARTER M R, ANGERS D A, et al., 1994. Towards a minimum data set to assess soil organic matter quality in agricultural soils[J]. Canadian Journal of Soil Science, 74: 367-385.

HANSON P, EDWARDS N, GARTEN C, et al., 2000. Separating root and soil microbial contributions to soil respiration: a review of methods and observations[J]. Biogeochemistry, 48: 115-146.

HARRISON A F, TAYLOR K, SCOTT A, et al., 2008. Potential effects of climate change on DOC release from three different soil types on the Northern Pennines UK: examination using field manipulation experiments[J]. Glob. Change Biol., 14: 687−702.

HARTLEY I P, HOPKINS D W, GARNETT M H, et al., 2008. Soil microbial respiration in arctic soil does not acclimate to temperature[J]. Ecology Letters, 11: 1092−1100.

HATFIELD J L, BOOTE K J, KIMBALL B A, et al., 2011. Climate impacts on agriculture: implications for crop production[J]. Agron. J., 103: 351−370.

HERMLE S, ANKEN T, LEIFELD J, et al., 2008. The effect of the tillage system on soil organic carbon content under moist, cold-temperate conditions[J]. Soil Till. Res., 98: 94−105.

ILLERIS L, CHRISTENSEN T R, Mastepanov M, 2004. Moisture effects on temperature sensitivity of CO_2 exchange in a subarctic heath ecosystem[J]. Biogeochemistry, 70: 315−330.

IPCC, 2007. Climate Change 2007: The Physical Science Basis. Contribution of Working group I to the Fourth Assessment Report of the Intergovernmental Panel on Climate Change[M]. Cambridge University Press, Cambridge, UK/New York, NY, USA.

JARECKI M K, LAL R, JAMES R, 2005. Crop management effects on soil carbon sequestration on selected farmers' fields in northeastern Ohio[J]. Soil Till. Res., 81: 265−276.

JIAO Y, WHALEN J K, HENDERSHOT W H, 2007. Phosphate Sorption and Release in a Sandy-Loam Soil as Influenced by Fertilizer Sources[J]. Soil Sci. Soc. Am. J., 71: 118−124.

KAY B D, VANDENBYGAART A J, 2002. Conservation tillage and depth stratification of porosity and soil organic matter[J]. Soil Till. Res., 66: 107−118.

KENNEDY A D, 1994. Simulated Climate Change: A Field Manipulation Study of Polar Microarthropod Community Response to Global Warming[J].

Ecography, 17: 131-140.

KIRSCHBAUM M U F, 1995. The temperature dependence of soil organic matter decomposition and the effect of global warming on soil organic carbon storage[J]. Soil Biol. Biochem., 27: 753-760.

KOCHSIEK A E, KNOPS J M H, WALTERS D T, et al., 2009. Arkebauer. Impacts of management on decomposition and the litter-carbon balance in irrigated and rainfed no-till agricultural systems[J]. Agric. Forest Meteorol., 149: 1983-1993.

KONG A Y Y, HRISTOVA K, SCOW K M, et al., 2010. Impacts of different N management regimes on nitrifier and denitrifier communities and N cycling in soil microenvironments[J]. Soil Biology and Biochemistry, 42: 1523-1533.

KUCHENBUCH R O, GERKE H H, BUCZKO U, 2009. Spatial distribution of maize roots by complete 3D soil monolith sampling[J]. Plant and Soil, 315: 297-314.

KUZYAKOV Y, 2006. Sources of CO_2 from soil and review of partitioning methods[J]. Soil Biol. Biochem., 38: 425-448.

LAL R, 2004. Soil Carbon Sequestration Impacts on Global Climate Change and Food Security[J]. Science, 304: 1023.

LAL R, 2009. Soil quality impacts of residue removal for bioethanol production[J]. Soil Till. Res., 102: 233-241.

LAL R, PIMENTEL D. Biofuels: Beware Crop Residues[J]. Science, 326: 1344-1346.

LIN E, XIONG W, JU H, et al., 2005. Climate change impacts on crop yield and quality with CO_2 fertilization in China[J]. Philos. T. R. Soc. B., 360: 2149-2154.

LIN G, RYGIEWICZ P T, EHLERINGER J R, et al., 2001. Time-dependent responses of soil CO_2 efflux components to elevated atmospheric [CO_2] and temperature in experimental forest mesocosms[J].

Plant Soil, 229: 259–270.

LIU W, ZHANG Z, WAN S, 2009. Predominant role of water in regulating soil and microbial respiration and their responses to climate change in a semiarid grassland[J]. Glob. Change Biol., 15: 184–195.

LIU S, MO X, LIN Z, et al., 2010. Crop yield response to Climate Change in the Huang-Huai-Hai Plain of China[J]. Agric. Water Manage., 9: 1195–1209.

LIU Y, WANG E, YANG X, et al., 2009. Contributions of climatic and crop varietal changes to crop production in the North China Plain, since 1980s[J]. Glob. Change Biol., 16: 2287–2299.

LOBELL D B, FIELD C B, 2007. Global scale climate-crop yield relationships and the impacts of recent warming[J]. Environ. Res. Lett, 2: 014002.

LUO C Y, XU G, WANG Y, et al., 2009. Effects of grazing and experimental warming on DOC concentrations in the soil solution on the Qinghai-Tibet Plateau[J]. Soil Biol. Biochem., 41: 2493–2500.

LUO Y, WAN S, HUI D, et al., 2001. Acclimatization of soil respiration to warming in tall grass prairie[J]. Nature, 413: 622–625.

LUO Z, WANG E, SUN O J, 2010. Can no-tillage stimulate carbon sequestration in agricultural soils? A meta-analysis of paired experiments[J]. Agr Ecosyst. Environ., 139: 224–231.

MACHADO P L O A, SOHI S, GAUNT J, 2003. Effect of no-tillage on turnover of organic matter in a Rhodic Ferralsol[J]. Soil Use Manage., 19: 250–256.

MCLAUCHLAN K K, HOBBIE S E, 2004. Comparison of labile soil organic matter fractionation techniques[J]. Soil Sci. Soc. Am. J., 68: 1616–1625.

MELILLO J M, STEUDLER P A, ABER J D, et al., 2002. Soil warming and carbon-cycling feedbacks to the climate system[J]. Science, 298:

2173-2176.

MIKHA M M, RICE C W, 2004. Tillage and Manure Effects on Soil and Aggregate-Associated Carbon and Nitrogen[J]. Soil Sci. Soc. Am. J., 68: 809-816.

MUCHOW R C, SINCLAIR T R, BENNETT J M, 1990. Temperature and solar-radiation effects on potential maize yield across locations[J]. Agron. J., 82: 338-343.

NIINISTO S M, SILVOLA J, KELLOMAKI S, 2004. Soil CO_2 efflux in a boreal pine forest under atmospheric CO_2 enrichment and air warming[J]. Glob. Change Biol., 10: 1-14.

NIU S, WU M, HAN Y, et al., 2008. Water-mediated responses of ecosystem carbon fluxes to climatic change in a temperate steppe[J]. New Phytol., 177: 209-219.

NOVAK J M, BAUER P J, HUNT P G, 2007. Carbon Dynamics under Long-Term Conservation and Disk Tillage Management in a Norfolk Loamy Sand[J]. Soil Sci. Soc. Am. J., 71: 453-456.

OBERBAUER S F, TWEEDIE C E, WELKER J M, et al., 2007. Tundra CO_2 fluxes in response to experimental warming across latitudinal and moisture gradients[J]. Ecol. Monogr., 77: 221-238.

OMONODE R A, GAL A, STOTT D E, et al., 2006. Short-term Versus Continuous Chisel and No-till Effects on Soil Carbon and Nitrogen[J]. Soil Sci. Soc. Am. J., 70: 419-425.

OMONODE R A, VYN T J, SMITH D R, et al., 2007. Soil carbon dioxide and methane fluxes from long-term tillage systems in continuous corn and corn-soybean rotations[J]. Soil Till. Res., 95: 182-195.

OTTMAN M J, KIMBALL B A, WHITE J W, et al., 2012. Wheat Growth Response to Increased Temperature from Varied Planting Dates and Supplemental Infrared Heating[J]. Agron. J., 104: 7-16.

PENG S, HUANG J, SHEEHY J E, et al., 2004. Rice yields decline with higher night temperature from global warming[J]. Proc. Natl. Acad. Sci. USA, 101: 71-75.

PIAO S, CIAIS P, FRIEDLINGSTEIN P, et al., 2008. Net carbon dioxide losses of northern ecosystems in response to autumn warming[J]. Nature, 451: 49-52.

POLL C, MARHAN S, INGWERSEN J, et al., 2008. Dynamics of litter carbon turnover and microbial abundance in a rye detritusphere[J]. Soil Biol. Biochem., 40: 1306-1321.

PUGET P, LAL R, 2005. Soil organic carbon and nitrogen in a Mollisol in central Ohio as affected by tillage and land use[J]. Soil Till. Res., 80: 201-213.

QIN R, STAMP P, RICHNER W, 2005. Impact of Tillage and Banded Starter Fertilizer on Maize Root Growth in the Top 25 Centimeters of the Soil[J]. Agronomy Journal, 97: 674-683.

RAICH J W, TUFEKCIOGLU A, 2000. Vegetation and soil respiration: correlations and controls[J]. Biogeochemistry, 48: 71-90.

ROSEGRANT M W, CLINE S A, 2003. Global Food Security: Challenges and Policies[J]. Science, 302: 1917-1919.

RUSTAD L, CAMPBELL J, MARION G, et al., 2001. A meta-analysis of the response of soil respiration, net nitrogen mineralization, and aboveground plant growth to experimental ecosystem warming[J]. Oecologia, 126: 543-562.

RYAN M G, 1991. Effects of climate change on plant respiration[J]. Ecol. Appl., 1: 157-167.

SALESKA S R, HARTE J, TORN M S, 1999. The effect of experimental ecosystem warming on CO_2 fluxes in a mountain meadow[J]. Glob. Change Biol., 5: 125-141.

SCHINDLBACHER A, ZECHMEISTER-BOLTENSTERN S, JANDL R, 2009. Carbon losses due to soil warming: Do autotrophic and heterotrophic soil respiration respond equally? [J]. Glob. Change Biol.,

15：901–913.

SCHMIDHUBER J，TUBIELLO F N，2007. Global food security under climate change[J]. Proc. Natl. Acad. Sci. USA，104：19703–19708.

SHAVER G R，CANADELL J，CHAPIN F S，et al.，2000. Global warming and terrestrial ecosystems：a conceptual framework for analysis[J]. Bioscience，50：871–882.

SIX J，BOSSUYT H，DEGRYZE S，et al.，2004. A history of research on the link between（micro）aggregates，soil biota，and soil organic matter dynamics[J]. Soil Till. Res.，79：7–31.

SIX J，FELLER C，DENEF K，et al.，2002. Soil organic matter，biota and aggregation in temperate and tropical soils-Effects of no-tillage[J]. Agronomie，22：755–775.

SIX J，ELLIOTT E T，PAUSTIAN K，1999. Aggregate and soil organic matter dynamics under conventional and no-tillage systems[J]. Soil Sci. Soc. Am. J.，63：1350–1358.

SIX J，ELLIOTT E T，PAUSTIAN K，2000. Soil macroaggregate turnover and microaggregate formation：a mechanism for C sequestration under no-tillage agriculture[J]. Soil Biol. Biochem.，32：2099–2103.

SIX J，ELLIOTT E T，PAUSTIAN K，et al.，1998. Aggregation and soil organic matter accumulation in cultivated and native grassland soils[J]. Soil Sci. Soc. Am. J.，62：1367–1377.

SIX J，OGLE S M，BREIDT F J，et al.，2004. The potential to mitigate global warming with no-tillage management is only realized when practised in the long term[J]. Glob. Change Biol.，10：155–160.

SMITH P，JANZEN H，MARTINO D，et al.，2008. Greenhouse gas mitigation in agriculture[J]. Philos. Trans. R. Soc.，363：789–813.

SOFIELD I，EVANS L，COOK M，et al.，1977. Factors influencing the rate and duration of grain filling in wheat[J]. Australian Journal of Plant Physiology，4：785–797.

SPARLING G, VOJVODIC-VUKOVIC M, SCHIPPER L A, 1998. Hot-water-soluble C as a simple measure of labile soil organic matter: the relationship with microbial biomass C[J]. Soil Biol. Biochem., 30: 1469-1472.

STAMP P, QIN R, RICHNER W, 2004. Impact of tillage on root systems of winter wheat[J]. Agron. J., 96: 1523-1530.

SUBKE J A, INGLIMA I, FRANCESCA COTRUFO M, 2006. Trends and methodological impacts in soil CO_2 efflux partitioning: a metaanalytical review[J]. Glob. Change Biol., 12: 921-943.

SYSWERDA S P, CORBIN A T, MOKMA D L, et al., 2011. Agricultural Management and Soil Carbon Storage in Surface vs. Deep Layers[J]. Soil Sci. Soc. Am. J., 75: 92-101.

TAO F, YOKOZAWA M, LIU J, et al, 2008. Climate-crop yield relationships at provincial scales in China and the impacts of recent climate trends[J]. Clim. Res, 38: 83-94.

TAO F, ZHANG S, ZHANG Z, 2012. Spatiotemporal changes of wheat phenology in China under the effects of temperature, day length and cultivar thermal characteristics[J]. European Journal of Agronomy, 43: 201-212.

TARKALSON D D, BROWN B, KOK H, et al., 2009. Irrigated small-grain residue management effects on soil chemical and physical properties and nutrient cycling[J]. Soil Sci., 174: 303-311.

THELEN K D, FRONNING B E, KRAVCHENKO A, et al., 2010. Integrating livestock manure with a corn-soybean bioenergy cropping system improves short-term carbon sequestration rates and net global warming potential[J]. Biomass and Bioenergy, 34: 960-966.

TILMAN D, SOCOLOW R, FOLEY J A, et al., Beneficial biofuels—the food, energy, and environment trilemma[J]. Science, 325: 270-271.

UNGER P W, JONES O R, 1998. Long-term tillage and cropping systems affect bulk density and penetration resistance of soil cropped to dryland wheat and grain sorghum[J]. Soil & Tillage Research，45：39–57.

VANCE E D，BROOKES P C，JENKINN D S，1987. An extraction method for measuring soil microbial biomass C[J]. Soil Biol. Biochem.，19：703–707.

VAN'T HOFF M J H，1884. Etudes de dynamique chimique[J]. Recueil des Travaux Chimiques des Pays-Bas，3：333–336.

VANDEN BYGAART A J，BREMER E，MCCONKEY B G，et al.，2011. Impact of sampling depth on differences in soil carbon stocks in long-term agroecosystem experiments[J]. Soil Sci. Soc. Am. J.，75：226–234.

WAN S，HUI D，WALLACE L，et al.，2005. Direct and indirect effects of experimental warming on ecosystem carbon processes in a tallgrass prairie[J]. Glob. Biogeochem. Cy.，19：GB2014.

WAN S，NORBY R J，LEDFORD J，et al.，2007. Responses of soil respiration to elevated CO_2，air warming，and changing soil water availability in a model old-f ield grassland[J]. Glob. Change Biol.，13：2411–2424.

WAN S Q，XIA J Y，LIU W X，et al.，2009. Photosynthetic overcompensation under nocturnal warming enhances grassland carbon sequestration[J]. Ecology，90：2700–2710.

WANDER M M，BIDART M G，AREF S，1998. Tillage impact on depth distribution of total and particulate organic matter in three Illinois soils[J]. Soil Sci. Soc. Am. J. 62：1704–1710.

WARDLE D A，1992. A comparative assessment of factors which influence microbial biomass carbon and nitrogen levels in soils[J]. Biological Reviews，67：321–358.

WELKER J M，FAHNESTOCK J T，HENRY G H R，et al.，2004. CO_2 exchange in three Canadian High Arctic Ecosystems：response to long-term experimental warming[J]. Glob. Change Biol.，10：1981–1995.

WEST T O, POST W M, 2002. Soil organic carbon sequestration rates by tillage and crop rotation[J]. Soil Sci. Soc. Am. J., 66: 1930-1946.

WHITE J W, KIMBALL B A, WALL, et al., 2011. Hunt. Responses of time of anthesis and maturity to sowing dates and infrared warming in spring wheat[J]. Field Crops Res., 124: 213-222.

WRIGHT A L, DOU F, HONS F M, et al., 2007. Crop species and tillage effects on carbon sequestration in subsurface soil[J]. Soil Science, 172: 124-131.

WU L, WOOD Y, JIANG P, et al., 2008. Carbon Sequestration and Dynamics of Two Irrigated Agricultural Soils in California[J]. Soil Sci. Soc. Am. J., 72: 808-814.

Xia J, Han Y, Zhang Z, et al., 2009. Effects of diurnal warming on soil respiration are not equal to the summed effects of day and night warming in a temperate steppe[J]. Biogeosciences, 6: 1361-1370.

YU G, ZHENG Z, WANG Q, et al., 2010. Spatiotemporal pattern of soil Respiration of terrestrial ecosystems in China: The development of a geostatistical model and its simulation[J]. Environ. Sci. Technol., 44: 6074-6080.

ZHOU X, SHERRY R A, AN Y, et al., 2006. Main and interactive effects of warming, clipping, and doubled precipitation on soil CO_2 efflux in a grassland ecosystem[J]. Glob. Biogeochem. Cy., 20: GB1003.

ZHOU X, WAN S, LUO Y, 2007. Source components and interannual variability of soil CO_2 efflux under experimental warming and clipping in a grassland ecosystem[J]. Glob. Change Biol., 13: 761-775.